自　立

〔美〕爱默生　著

杨子　译

台海出版社

图书在版编目（CIP）数据

自立 /（美）爱默生著；杨子译 . -- 北京：台海
出版社，2019.6
ISBN 978-7-5168-2359-0

Ⅰ.①自… Ⅱ.①爱…②杨… Ⅲ.①成功心理—通
俗读物 Ⅳ.① B848.4-49

中国版本图书馆 CIP 数据核字（2019）第 119277 号

自立
ZILI

著　　者：〔美〕爱默生　　　　　译　　者：杨　子

责任编辑：徐　玥
责任印制：蔡　旭

出版发行 台海出版社
地　　址：北京市东城区景山东街 20 号　邮政编码：100009
电　　话：010 — 64041652（发行，邮购）
传　　真：010 — 84045799（总编室）
网　　址：www.taimeng.org.cn/thcbs/default.htm
E – mail：thcbs@126.com

经　　销：全国各地新华书店
本书如有破损、缺页、装订错误，请与本社联系调换
印　　刷：三河市金轩印务有限公司
开　　本：880 毫米 × 1230 毫米　1/32
字　　数：185 千字
印　　张：6.5
版　　次：2019 年 6 月第 1 版
印　　次：2019 年 6 月第 1 次印刷
书　　号：ISBN 978-7-5168-2359-0
定　　价：36.00 元

目 录

1

自 立

　　有一天，我读了几首诗，是一个杰出的画家写的，立意非常新颖，不落俗套。先不说诗的主题怎么样，字里行间传出一种告诫的意味。这些诗句中所倾注的感情的价值，远远超过了它包含的思想的价值。坚信自己的思想，坚信内心适合自己的就适合所有人——这就是所谓的天赋。如果你说出心底的信念，那么那信念就一定会变成普遍的感受；因为在适当的时候，最隐秘的就会转变成最公开的——"最后的审判"的号角会把我们最初的思想归于完善。尽管每个人都非常熟悉心灵的声音，但是我们认为摩西、柏拉图和弥尔顿最大的功绩就在于他们对书本和传统的蔑视，他们只说自己想到的东西。当心灵的微光从内部闪过，人应该学会发现和观察它，而不是去发现和观察诗人与圣贤的天空里的光彩。他却只因为那是他自己的东西，就擅自摒弃了自己的思想。我们可以在天才的每一部作品中发现我们自己抛弃的思想：它们回到了我们身边，却带着某种疏远的威严。从对我们的教益而言，伟大的作品也不过如此。它们对我们的教导是：越是对方呼声最高的时候，我们越要平心静气地坚持我们自发的感想。否则，第二天，我们曾一直想到和感受到的东西，就成了某个陌生人的高明的见解和想法，我们只能被迫从别人那里取回原本是自己的见解，而且还要满怀羞愧。

每个人在求学时期的某一天都会得出这样一种信念：妒忌就是无知，模仿等于自杀；一个人无论是好是坏，必须让命运属于自己；如果不在自己的土地上努力耕作，就不会有任何一粒有营养的粮食自己送上门——即使这广阔的宇宙不乏善举。他潜藏的力量十分奇妙，除他之外再不会有人知道他的本领，而且他也要经过尝试，否则他自己也不会知道。一张脸、一个人、一件事，在他那里而不是在另外一个人那里留下深刻印象，这不是没有原因的。铭刻在记忆中的这种东西有着提前确定的和谐。眼睛能看到那道光线，是因为它被安置在了那道光线应该照到的地方。我们无法充分地表现自己，而且我们感到羞愧——对各自所代表的那种神圣观念的羞愧。我们完全可以这样想，这种观念特别恰当，必然会创造好的结果，因此应该去忠实地传达它，可是这份功业，上帝可不愿意让懦夫来阐明。只有竭尽全力地用心工作，一个人才会感到安心和快乐；如果他并没有这样说或者这样做，那么他将不得安宁。那是一种为解脱而做的解脱。还处于尝试的阶段，他就被他的天赋所抛弃；灵感、发明、希望，全都没有。

信任你自己吧，每颗心都在随着那根铁弦颤动，接受你的位置吧，神圣的天意早已给你安排好了。接受和你同时代的人所构成的这个社会以及种种事件之间的联系。伟大的人物总是这样，而且把自己像孩子一样托付给同时代的天才，以此表明自己的心迹：绝对可信的东西就在他们心底藏着，通过他们的手在活动，并主导他们的存在。我们都是成年人，必须在最高尚的心灵里接受相同的超验命运；我们不是躲在安全角落的婴儿和病人，也不是革命面前临阵脱逃的懦夫，我们是领袖，是救世主，是恩人，服从上帝的旨意，冲向混沌和黑暗。

对于这个问题，在儿童、婴儿甚至动物的脸和行为上，大自然给了我们多么神奇的启迪啊！那种分裂和叛逆的心灵，那种对某种感情的怀疑态度（我们可以计算出违背自己旨意的力量和手段），他们并不拥有。他们有完整的心灵和未被征服的眼光，当我们盯着他们看时，惴惴不安的反而是我们。幼年时不会对任何人顺从：所有人都要顺从他，所以通常是一个婴儿会让四五个逗他玩的大人都变成婴儿。同样，上帝也赋予青少年和成年人所应得

的桀骜和魅力，使他受人羡慕、受人亲近，使他的要求
能被重视，假如他愿意尊重自己的话。不要认为青少年
不能跟我们讲话，就认为他们没用。听！在隔壁的房间，
他的声音清晰而果断。看起来他知道怎样在同龄人之间
谈话。羞怯也好，勇敢也好，他总会知道怎样让我们这
些长辈变得无足轻重。

　　小孩子不必为吃饭发愁，而且还不屑于做点什么或
说点什么去讨好他人——就像贵族老爷一样，这种泰然自
若的气质正是人性中的健康心态。在客厅里的孩子如同
在剧院里的坐低价票座位的观众；无拘无束，不负责任，
在自己的角落躲着并观察眼前的人和事，以孩子的迅速、
简要的方式审讯、宣判他们的功过，他们或者好，或者
坏，或者有趣，或者傻了吧唧，或者能言善辩，或者令人
生厌。因为他不去考虑后果也不必计较得失，所以能做
出一种独立的、真实的判决。而你要讨好他，他却不必
讨好你。成年人却不是这样，他早被自己的意识紧紧地
禁锢起来了。一旦他有什么大胆的行动或者言论，立刻就
相当于身陷囹圄，他受到无数人的关注，有的同情，有
的愤恨，他不得不考虑这些人的这些感情。这里没有忘
川（希腊神话中的冥河之一，亡灵喝了河里的水就会忘掉
一切）。他是多么想重新回到他的中立位置上去啊！所以，

谁能逃避这种种誓约，或者虽然已经履行，但是还能以原来的那种不被左右、不被偏见束缚、不接受贿赂、不畏强权的纯真来履行，谁就一定能受到别人的敬畏。他经常对时事发表看法，这些看法明显不是一己之见，而是警世名言，所以振聋发聩，令人闻而生畏。

这都是我们远离人群时所听到的声音，可是一旦我们进入世界，它们就渐渐衰弱，终至无声。社会各处都在阴谋反对每个成员的阳刚之气，社会是一家股份制公司，每个成员之间都达成协议：为了向每个股东提供食物时更有把握，就必须将其他吃饭的人的自由和教养消除。其中最必备的美德就是服从，自立却是让它深恶痛绝的东西。真相和创造者，这不是社会所喜欢的东西，它喜欢的是名义和传统的规矩。

所以无论要做什么样的人，都决不能做一个顺民。想要获得永恒的荣誉，就绝不能止步于表面的善举，而是必须要弄清楚它到底是不是真正的善。说到最根本之处，除了使你自己的心灵完善，其他任何神圣之物都不存在。解脱自己，回归自我，你一定会赢得全世界的赞赏。在我小时候，有一位益友总是用教会的教条麻烦我，我还记得我是怎样不假思索地回答他的。我说，如果我是完全按照自己的内心去生活，那我与神圣的传统有什么关联？我的朋友启发我说："这些冲动可能是自下而上地产生，而不是自上而下。"我回答说："未必吧。不过假如我是魔鬼之子，那么就让我按魔鬼的生活来生活好了。"依我看，除了我的天性这个法则，再也没有其他任何神圣的法则。好坏不过是一些名义上的说辞，随便哪里都可以挪用。只要是符合我的性格的东西就是正确的，违背的就是错误的。一个人在所有反对势力面前修身做事，仿佛一切都是有名无实，过眼云烟，唯独他是例外。一想到我们轻易地向徽章和虚名，向大社会和死体制投降，我就感到羞愧难当。每一个举止得当、谈吐优雅的个人比起真理来更能影响和触动我。我应该昂首挺胸充满气势地走路，想方设法地直言不讳。假如怨恨和空虚穿着慈善的外衣，行得通吗？如果一个怒气冲冲的、顽固到底的人设想慷慨宽大的废奴运动，带着来自巴巴多斯的最新消息来找我，我为什么不能对他说："关心你的孩子去吧，关心你的伐木工人去吧：要和善、谦逊，要有气质，想要用对万里之外的黑人表现出来的关心来掩饰你那咄咄逼人的野心简直是痴心妄想。你对远处表现的爱就是对自家的恨。"这样向人致意虽然粗鲁不逊，但是说真话要比假仁假义更合适。你的善良必须要比较尖锐——否则就算不上什么善良。仇恨论低泣和抱怨的时候必须要被宣扬成仁爱论的对策。我会在我的天才召唤我的时候避开父母妻子和兄弟。我要在门楣上写下"想入非非"。我还是盼着最终结果能比想入非非好一些，但是我们不能把整天的时间都浪费在解释上面。别指望我会说明我为什么想群居或者独居。也别像如今的善人的那些做法，对我说什么有改变所有穷人处境的义务。那些穷人，他们是我的吗？我告诉你，你这笨蛋善人，我不会把钱送给那些我们彼此互不相干的人，一分都舍不得。由于有种种精神上的共鸣，对某一个阶层的人，我是可以由他们随意调遣的；如有必要，我不惜为他们赴汤蹈火。但偏偏不做你那些各种名义的廉价的慈善活动；不参与那些愚人学校的教育；不建造那徒劳无功的教堂，况且现在已经造了很多，基本都没什么用；不向酒鬼施舍；不组织那些反复重复的救济团体——虽然我也会略有羞愧地承认：我不得不在有时候破费一块钱，可是那是毫无善意的一块钱，不久之后，我就有勇气不给了。

通常认为，美德完全是意外之举，而非规则。人跟他的品德是两码事。人做的那些所谓的善举，如见义勇为、扶危济困之类，就跟他们必须为不参加日常的游行而缴纳罚金作为抵偿一样。他们干这种事只算是他们在这个世界上生活的一种赔罪或掩饰——好比病人和精神病患者交的巨额的伙食费一样。他们的美德就是苦修赎罪。我不想赎罪，我只想生活。我只为生活而生活，并非为了观赏。我更希望它能低调一些，好能真实而平等，而不愿意它光彩照人，动荡不安。我希望它健康甜美，不必去忍受饥饿和病痛。我要的是"你是个人"这样主要的证据，而不是脱离了人只论及他的行动。我知道，对于那些所谓的高明行动，无论我是做了还是避免，于我本身来说其实无关紧要。我拒绝在我已经拥有权力的地方再购买特权。我虽然无德无能，却是一个真实的存在，因此没必要为了让我自己或我的同伴安心而要求别人给予保证。

人们所想的事与我无关，我必须做的只是与我有关的事。这一规定，在现实生活和精神生活中同样至关重要，所以伟大和渺小完全可以据此来区分。因为你总会发现一些这样的人，他们觉得他们比你还清楚你自己的职责是什么，因此，这一规定显得更加严厉了。在世界上，以世人的观点生活很容易；在隐居时，以自己的想法生活也不难；可是伟人之所以是伟人，就在于他能在无数俗人之中完美地保持了特立独行的个性。

反对顺从一些对你来说已经僵化死去的习俗的原因，就在于它会分散你的精力，耗费你的时间，模糊你的人格。如果你支持一座僵化死去的教堂，为一个僵化死去的社会效命，跟随一个大的政党去投票支持或反对政府，像白痴的管家婆一样摆你的餐桌——在这一切的遮掩下，让我发现真正的你是很难的。不过，做你自己的事，我就会了解你。做你自己的事，你就会让自己充实。一个人必须明白：顺从这种手段根本是捉迷藏。假如我知道你的派别，我就会预测出你的论调。我听说一位牧师把该教会制定的一项规章制度宣布为布道的题目。他根本说不出一句新鲜自然的话，我难道不会事先得知？尽管他夸夸其谈该项制度的存在依据，他却百分之百不会去做那样的事，对此我难道不清楚吗？他保证只看问题被允许看的那一方面，以一个牧师的身份去看，而不是以人的身份去看，我难道不知道？他是一个被聘请的律师，法官席上的好些派头都是空洞到极点的装模作样。唉，大多数人都把自己的眼睛用一块手绢蒙住了，并把自己束缚到某一个普遍适用的观点上。这种顺从不仅让他们在几件事上弄虚作假，编造谎言，而且对所有的事情都阳奉阴违。他们的每个真理都说不上真。他们二不是二，四也不是四；所以我对他们说过的每句话都懊恼万分，我们不知道让他们改邪归正的着手点在哪里。与此同时，我们被本性急不可耐地套上我们所追随的党派的因服。我们慢慢地长成同样的脸孔和身材，慢慢地学会了最温顺的愚蠢的表情。特别是有一种禁欲修行的经历，它也在一般历史中成功地大显身手，我说的是那"赞颂的蠢脸"，那勉强的笑容，那是我们在与人相处，在我们对谈话毫无兴趣却要寒暄时假装出来的。肌肉活动不是自然的，而是被一种低劣不堪、跋扈蛮横的力量所牵弄着，紧紧地在脸的轮廓上绷着，心不甘情不愿的。

因为不顺从，世人就对你处处不满，大加鞭挞。因此一个人必须学会判断别人的脸色。无论在街上还是朋友的客厅里，他都会遭人白眼。假如这种反感像他自己一样也来自鄙视和抵触，他不如耷拉着脸回家算了。但是人民生气的脸孔跟他们欢喜的脸孔一样，并没有什么深层的原因，而只是随着社会舆论的导向而被操纵着转换。不过比起议院和学校的不满，群情激愤要可怕多了。一个有丰富阅历的坚强人物，忍受有教养的阶级的愤怒算不上难事。他们的愤怒有所节制，因为他们本身胆小如鼠，本来就不堪一击。但是，如果在他们阴沉的愤怒之外再加上人民的愤怒，如果再有被鼓动起来的无知的穷人，如果还有被激发起来嗷嗷咆哮、龇牙咧嘴的社会最底层的野蛮势力，那么就需要极大的胸怀和宗教修养大显身手，把它大事化小小事化了地对待了。

让我们不敢自信的另一个恐惧就在于我们总是要求前后一致；将我们过去的言行奉为金科玉律，因为在别人的眼里，除了我们过去的言行，再也没有其他用以推测我们为人处世的依据了，而且我们也不愿意让他们失望。

但是为什么你要有头脑呢？为什么将你腐朽的记忆拖来拖去，唯恐与你在某个场合发表的言论自相矛盾呢？就算你自相矛盾，那又算得了什么？智慧的标准之一似乎就是绝不一味地依赖你的记忆，甚至也不怎么信赖纯粹的记忆行为，而是把过去带进现实，在众目睽睽之下进行判定，并且永远生活在一个新时代里。你已经在你的形而上学里拒绝了对上帝赋予人格；然而当灵魂的种种虔诚的意向到来的时候，那就尽心尽力地服从它们好了，尽管他们竟然赋予了上帝形形色色的外表。抛弃你的学说逃跑吧，就像约瑟夫把他的外衣丢在妓女手里那样。

愚蠢的一致性是心灵卑微猥琐的表现，却受到小政客、小哲学家和小牧师的顶礼膜拜。如果强求墨守成规，伟大的灵魂就将一无所成。他还不如去关心自己在墙上的影子。现在你有什么念头，就坚定地说出来吧，尽管它可能跟你今天所有的事都自相矛盾——"啊，那么你肯定会被人误解的。"但是被人误解真的那么可怕吗？毕达哥拉斯被人误解过，苏格拉底、耶稣、路德、哥白尼、伽利略、牛顿，凡是有血有肉的每一个纯洁和智慧的精神都是这样。想要伟大就注定要被人误解。

我想，没有谁能违背自己的本性。他迸发的感情源于自身的存在规律，就好像安第斯山和喜马拉雅山尽管起伏不断，但在地球的曲线中仍然显得微不足道。无论你怎么衡量、揣度一个人，都无关紧要。一个人的性格就像离合体诗歌或亚历山大体诗歌——无论正读、倒读、斜读，拼出的字母都一样。上帝准许我过这种让人愉悦、表示悔过的丛林生活，在这种生活中，让我不会瞻前顾后，只需要每天记录下自己真诚的思想。尽管我无意为之，也看不出它所具有的性质，但我毫不怀疑，人们将会发现这种思想的对称和和谐。我的书应该散发松树的香气，回响着昆虫的鸣叫。我窗前的燕子应该用它嘴上叼着的线头、草叶来为我筑巢。我们是什么样，别人就会把我们看成什么样。性格教育的作用远远高于我们的意志。人们总是认为只能通过外部行为展示善或恶，却不知道，善或恶时时刻刻都在自己散发着一种气息。

尽管人的行为千差万别，但是总会存在着一种一致性，这样，任何一个行动都会在它们的关键时刻显得实实在在。因为都是出于同一个意愿，所以无论行为看上去有多大差别，结果必将是和谐统一的。在一定距离、

一定高度的时候，那种行为上的多样性就看不出来了。一
种趋势让它们都连为一体了。最好的船只的航线也都是
蜿蜒曲折的。如果从远处看这条航线，它就趋于笔直了。
你真正的行动会解释明白你自己，也会解释明白你其他
的真正行动。墨守成规不能解释任何事情。独立行动吧，
你独立做的事情从现在开始就会证明你的正确。伟大诉
诸未来。如果我今天确信自己做对了事情，并且蔑视别人
的眼光，那就表明我先前的正确行为正在为今天的自己
做辩护。不管未来什么样，现在就把事情做对。如果你
能永远蔑视外表，那么你就能永远把事情做对。人格的
力量是不断积累的。以前的种种善举都会让今天的我们
受益。是什么造就了议会和战场中的英雄们让人心潮澎
湃的威严。是因为过去曾经拥有的光辉岁月和辉煌战绩。
这些光辉岁月和辉煌战绩汇成一束光辉，把勇往直前的
行动者照亮。仿佛一队看得见的天使在护送着他。正是
这个东西让查塔姆伯爵声如雷鸣，让华盛顿的举止威严，
让美国进入了亚当斯的眼睛。荣誉之所以让我们充满敬
意，是因为它不是转瞬即逝的东西。它一直是传统的美
德。今天我们之所以崇拜它，恰恰因为它不属于今天。
我们对它热爱、敬仰，只因为它不是为捕捉我们的热爱与
敬仰所布下的陷阱，而是自力更生，因而具有一种古老纯

洁的血统，即使在一个年轻人身上表现出来，也是这样。

我希望今天我们已经是最后一次听到顺从和墨守成规。从今往后就让这两个词作废，并变得荒谬可笑。让我们听到的不再是开饭的锣声，而是斯巴达横笛吹出的美妙旋律。让我们再也不必卑躬屈膝、赔礼道歉了。一位伟大的人物要来我家吃饭，我可没有讨好他的意思，我倒希望他应该是来讨好我的。我要站在这里维护人性，尽管我想让他仁慈博爱，但我更愿意他能真心实意。让我们与举世为敌的情况下侮辱和斥责当代那些圆滑世故、自以为是的作风，并把一切已经成为历史结论的事实扔到习俗、贸易和政务的面前：哪里有劳作的人，哪里就有一个伟大负责的思想家和活动家在发挥作用；一个真正的人不属于任何时空，而是所有事物的中心。凡是他出现的地方，就会有天性和自然。他衡量你以及一切人和事。通常，社会上的每一个人使我联想到别的某件事或者某个人。性格和现实让你联想不到任何别的东西；他就是世间所有的东西。人必须要做到顶天立地，使得周围的一切环境都显得无足轻重。每一个真正的人就是一个起因、一个国家、一个时代；他的宏伟计划需要无限的空间、人员和时间来完成——而子孙后代就是这一计划的忠实追随者。恺撒诞生了，很多时代过去之后我们拥有了一个罗马帝国。基督诞生了，无数心灵依附着他，忠心耿耿，久而久之，又把美德和他的潜能融为一体。一种制度是一个人延长了的影子，好比古代隐士安东尼与修道院，路德与宗教改革，福克斯与贵格会，卫斯理与卫理公会，克拉克森与废奴运动，而西庇阿被弥尔顿称为"罗马之巅"。一切历史都可以易如反掌地把自己融入少数几个勇敢坚定的人的传记之中去。

那么就让一个人认清自己的价值吧，然后把万物都踩在自己的脚下。他不必像可怜的被救助的孤儿、私生子，或者爱管闲事的人那样偷偷摸摸、鬼鬼祟祟、躲躲藏藏，这个世界是为他而存在的。可是一个街上的普通人并不懂得寻找自我价值，他在看着一个高塔或者一尊大理石神像的时候，就会自惭形秽，因为他不知道发现自己身上的价值要比制造高塔和雕刻神像所费的时间还要多。在他看来，一座宫殿，一尊雕像，甚至一本贵重的书，都拥有一种令人无法接近的傲慢神情，很像一个衣着华丽的马车夫，似乎对人这样说："你是谁啊，先生？"其实这一切都是属于他的，都在吸引他的注意，并盼望他将它们弄到手。那幅画不是在向我发号施令，而是在等着我去鉴定，并由我来决定它是否有获得赞赏的资格。有一个家喻户晓的寓言故事，一个醉鬼烂醉如泥地躺在街上，被人抬到公爵府上，给他梳洗打扮干净后把他放在公爵床上，等他醒来之后，他被以公爵之礼对待，人们极尽阿谀奉承之能事，并向他保证说他只是一度神志不清。这个寓言之所以讨人喜欢，是因为它恰到好处地象征了人的生存状态，人活着就是一个醉鬼，但是有时候就会清醒过来，恢复理智，然后发现自己原本就是一个真正的王子。

我们读书就等于乞讨、谄媚。在历史中，我们被自己的想象所欺骗。王国和贵族，权力和庄园，比起小家小户的日常工作中的普通小人物约翰和爱德华来，要更加堂皇。可是对两者来说，生活中的事情是相同的，两者的总数也是一样的。为什么要对阿尔弗列德、斯坎德贝和古斯塔夫尊崇备至呢？就算他们功高盖世吧，难道他们包揽了整个天下的所有恩德？今天，一个人的得失全靠自己的个人行为，就像从前那些赫赫有名的人物要借助追随者的脚步一样。一旦普通百姓做事的时候有了自己独到的见解，国王行为上的光辉就会转移到仁人志士的行为上了。

世界一直处于国王们的引导中，像磁石一样，他们吸引着各个国家的注意力。他们教导世人要互敬互重。国王这个高尚或伟大的业主，按他自己的法律在人们中间活动，制定他自己待人接物的标准，推翻他人的标准，以荣誉而非钱财进行奖励，以个人意志代替法律。对于以上种种做法，人们处处任其所为，他们所表现出来的赤胆忠心就等于一种象形文字，大家朦胧地用它象征他们关心自己应当享有的权利以及个人享有的权利的意识。

一旦我们开始追究自信的根源，所有的原始行为展现出来的魅力都将迎刃而解。谁是那受信赖的人？一种普遍的依赖所基于的原始的"自我"又是什么？那没有视差，没有可测元素，科学难以探究的恒星，其本质是什么呢？让它们将美丽的光束投入那些猥琐卑劣的行为中的力量是什么？这种探究让我们追根溯源，原来那既是天才的本质，又是美德和生命的本质的根源，我们把它称为"自发行为"或者"本能"。这种基本的智慧我们称之为"直觉"，之后的教导则都是"教诲"。在那种深奥的力量，也就是无法分析的终极事实中，所有的事物发现了它们共同的根源。生存感是在不知不觉中悄无声息地在个人身上产生的，它跟万物、空间、光、时间、人不仅没有什么不同，反而跟它们合为一体，显然，也是从它们的生命与存在所产生的同一个根源上产生的。我们起初与万物共同生存，随后才将他们视为自然界的张张面孔，而忘记了我们共同的起源。思想和行动的源泉就在这里。这就是产生赋予人智慧和呼吸的器官，只有无神论者才会予以否认。我们置身于无垠的智慧之中，接受真理并为之效力。当我

17

们发现正义以及真理时，我们不必主动做任何事情，而只需给它的光辉让路即可。我们要是究其来源，试图窥视造成万物起因的灵魂，所有的哲学就无处着手了。它的存不存在就是我们所能证实的全部。每个人都能够区别他自己心灵中的自主行为和无意识行为，而且知道绝对的信仰的原因就在于那些无意识的行为。虽然他会表达不当，但是他知道这些东西就像知道白昼和黑夜一样无可置疑。我故意的行为与获得总是飘忽不定——漫无边际的幻想，微乎其微的自然感情，驾驭着我的好奇和动机。思想空洞的人在述说知觉和见解时常会自相矛盾，因为他不能对知觉和观念加以区分。他们满以为对一件事而言，我想看见这件就是这件，想看见那件就是那件。然而知觉不等于异想天开，而是必然存在。如果我看见了一种特性，随后我的孩子也会看到，最后，整个人类都会看到——虽然很凑巧的是在我之前无人看到。因为我对它的知觉犹如天上的太阳一样，是一个显而易见的事实。

灵魂和神灵间的关系非常纯洁，所以想要寻求外来帮助反而会有亵渎的嫌疑。情况必然如此：上帝说话的时候，他要传达的是所有事而不是一件事；他的声音会响彻全世界；他应该从现在思想的中心散播出光明、自然、时间、灵魂，把全体从头开始，重新改造。纯真的心灵接受一种神圣的智慧的时候，古老的东西就会烟消云散——手段、导师、经文、寺庙，全都土崩瓦解；这个心灵在现在生活，把过去和未来全部都融入现在。所有与之相关的事物都显得无比神圣——而且彼此平等。所有事物都被它们的起因融进它们的中心，而且在普遍的奇迹中，那些小规模的、特殊的奇迹就消失了。因此，假如一个人自称了解上帝，谈及上帝，而且使你回想起另一个世界、另一个国家的某个灭亡了的古老民族的用语时，无视他的话吧。做出完美表现的应该是橡果而不是橡树吧。一个人把自己成熟的存在贯彻到父亲身上而不是孩子身上，对吧? 所以，为什么产生这种对过去的崇拜呢? 过去的每个世纪都在阴谋反对健全的心智与心灵的权威。时间和空间不过是眼睛造成的生理颜色而已，但灵魂却是光明。它出现的地方就是白昼，它消失的地方就是黑夜。如果历史不仅仅是关于我的存在和形成的一种令人愉快的寓言的话，那它就是一种鲁莽的行为，一种伤人的举动。

人总是谨小慎微，唯唯诺诺；他不再刚强正直；他没勇气说"我认为""我就是"，而是一直引用先贤的名言。面对一片草叶和一朵盛开的玫瑰他会感到无地自容。不管是从前的玫瑰花，还是更好的玫瑰花，我窗前的玫瑰花总是满足于它们自己的现状；今天它们为自己而生，与上帝同在。对它们而言，没有时间，有的只是玫瑰。它存在的时时刻刻都是尽善尽美的。在嫩叶绽开之前，它的整个生命就开始发挥作用了；在盛开的花朵里看不出它的多；在光秃秃的根部也看不出它的少。它的天性被满足了，它也满足了大自然，任何时候都一样。可是人却总在拖延、总在回忆，他不在现在生活，而是回首往事，哀悼过去，要不就不理会周围的财富，却踮起脚尖展望未来。如果他不和自然一起超越时间，生活在现在，那么他就不会拥有快乐和坚强。

这点应该是不言而喻的。可是看看那些坚强的智者竟然没勇气听上帝本人的教诲，除非他说的是我所知甚少的大卫、耶利米或者保罗的语句。我们不能永远抱定几篇经文、几个传记。我们就像小孩子一样，死记硬背老太太、家庭教师教的话，等长大后，还要死记硬背偶然看见的有才华、有个性的人们的箴言——不知辛劳的背诵他们说过的原话；后来，便开始赞成这些人话语中蕴含的观点，加以理解后才愿意丢开那些原话；因为此时他们可以随时随地恰当地运用那些话了。如果我们活得真实，我们就会观察得真实。那就像强者保持坚强或者弱者保持软弱一样容易。一旦我们拥有新知，我们就会很乐意像处理以前的垃圾一样把储藏的财宝从记忆里清除。

谁能与上帝生活在一起，谁的声音就能像溪水的潺潺声和稻田的沙沙声一样的美妙。

到日前为止，关于这一论题的最高真理仍未言明；大概也无法言明，因为我们所谈到的一切不过是对直觉的遥远的记忆而已。下面这样的情况，就是我调过枞在最能接近的手段来表达的那种思想。当幸福向你靠近时，拥有自己的生命之时，一切都是非同寻常的，你无法发现别人的足迹；你无法看见别人的脸孔；你听不到任何名字——那种渠道、思想、幸福必然是极端新颖的。实例和经验必定被它全部排除在外。你取道于人，而不是跟着别人的脚步走。一切曾经生活过的人都是它的被遗忘的代理者。害怕和希望同样都在它的影响之下。即使在希望中也有不尽如人意之处，在幻想的时候，也没有什么东西可称之为感激，也没有什么充分的快乐。共性和永恒的因果关系被凌驾于激情之上的灵魂所看见，并发现了真理和正义的自我存在，因为知道事事顺心，所以就非常镇定。大自然的无限空间，大西洋、南太平洋——时光轮转，年复一年，世纪更迭——都没关系。我的所思所想曾是我每一种生活状态和处境的全部，现在依然没变，这就是所谓的生死的基础。

有用的只是生命，而不是逝去的岁月。一旦静止，力就不复存在；它存在于由旧到新的状态的过渡时刻，存在于对海湾的冲击之中，存在于向目标投掷之中。这是一个让世界讨厌的事实，却是灵魂形成的事实；因为它永远贬低过去，把富足转变成贫困，把名誉转化为耻辱，把圣人与无赖混为一谈，把耶稣和犹大一并推开。那为什么此时我们还要没完没了地谈论自立呢？因为有灵魂在，力量就在，它是原动力而不是自信力。谈论依赖只是一种拙劣而肤浅的话题。因为依赖在起作用并存在着，所以我们还是来说说有依赖作用的事吧。我主宰自己，有谁能比我更顺从自己呢？虽然这不费吹灰之力，我必须借用精神的引力围着他转。当我们谈到杰出的美德时，我们认为它言过其实。我们看不到美德就是"顶点"，也看不到一个人或一群人完全不适应接纳原则，就肯定会借助自然法则，征服和驾驭所有城市、国家、国王、富翁和诗人，因为这些全都不是顶点。

如同在每一个论题上一样，我们也迅速地在这一论题上获得一个根本性的事实：一切事物都归于万能的上帝。自立精神是造物主的属性。它不同程度地进入了所有较低级的生命形式，它按照这种程度制定了衡量善的标准。真实的万物所包含的优点决定了它们的真实程度。商务、农牧、狩猎、捕鲸、战争、雄辩、个人影响都是重要的东西，无论是代表存在的美行还是虚假的行为，都会赢得我的敬仰。我看到自然界中同一条法则在为保护与发展发挥作用。能力是自然界中衡量正义的基本标准。任何没有自立能力的东西是不被大自然允许滞留在它的各个领域的。一颗行星的产生和成熟，它的平衡和轨道，狂风过后弯下的树又直起身来，每一个动植物的生命力，诸如此类，都是自给自足的，因此也是自立的灵魂的表现。

这样，一切都在集中：让我们不必漂泊，让我们足不出户。让我们只是宣布一下这神圣的事实，叫那些乱哄哄的强行闯入的人、书和制度目瞪口呆吧。叫侵入者脱下脚上的鞋，因为上帝就在这里。以我们的单纯来对他们做出裁决，以对自我法则的顺从向他们展示大自然的贫穷和我们自己的财富以外的富足。

然而现在我们是凡人。人对他人毫无敬畏之心，他的天才得不到规劝留在家里，好让自己与内心的海洋交流，而是走到户外从别人的缸里乞讨一杯水。我们必须独自往来。我喜欢礼拜仪式开始前沉默的教堂，那胜过任何形式的布道。那些人看起来那么遥远、那么冷漠、那么贞洁，让自己置身于自己的礼拜座位中或圣所中。所以，让我们永远坐着。为什么我们应该装出我们的朋友、妻子、父亲或者孩子的那副糊涂样，就因为我和他们围坐在炉边，有着据说和我们一样的血统吗？所有人与我血统相同，我与所有人血统相同。我并不会因此就要继承他们的暴躁或愚蠢，我甚至不会为此感到羞耻。然而你的孤立不是物质上的，而应该是精神上的，换句话说，就是一定要崇高。有时候，全世界好像都在阴谋把琐事夸大其词地来纠缠你。朋友、客人、孩子、疾病、恐惧、匮乏、施舍，聚集到一起来敲你的私人房间的门，说道："出来，跟我们在 起。"然而，保持你原来的状态，千万别出来卷进他们的纠纷。人们是很有打扰我的本事的，我只能是淡然处之。除了经过我的允许，否则谁也不能接近我。"爱我所爱，有时候欲望过多反而会使我们失去这种爱。"

倘若我们不能一步到位，拥有服从与信任的神圣情感，至少也应该抵制诱惑；让我们进入战争状态；唤醒雷神和战神，以撒克逊人的胸怀做到勇敢和坚定。这一点在和平年代敢于讲真话就能做到。制止这种虚情假意吧。别再让那些和我们交谈受骗的和骗人的人心存幻想。对他们说，父亲啊，母亲啊，妻子啊，兄弟啊，朋友啊，一直到现在，我一直在表面上跟你们生活在一起。从今往后，我要做真诚的人。现在让你们知道，从现在起，我绝不服从低于永恒法则的任何法则。我不要盟约，只要亲近。我将尽全力赡养父母、抚育孩子、做妻子忠诚的丈夫——但是供养这些亲属，我必须用一种前所未有的新方法。不服从于习俗，而是做真正的自我。我再也不能为了你毁了自己或者你。如果你爱我是看中我的本原，那么我们会更加幸福。如果你做不到，我也能明白你自有道理。我并不愿意掩饰自己的好恶。我愿意真心希望：只要是深沉的东西，就是神圣的东西。我愿意真心希望：在日月面前，只要是让我发自内心地高兴的事，心灵委派的事，我都会义无反顾地去做。如果你高尚，我会爱你；如果你并非如此，我也不想假装殷勤去伤害彼此。如果你诚实，却不同于我的诚实，那么就去忠实于跟你志同道合的人；我也愿意寻找我的同道中人。我这样做并不是出于自私的心理，而是出于谦恭和真诚。无论我们在谎言中生活了多久，在真诚中生活同样符合你的、我的、所有人的利益。难道这些道理在今天听起来非常刺耳？你很快就会爱上你我的天性所设立的一切，而且如果我们追随真理，最终它会为我们指点迷津——然而，如此做法你可能会给这些朋友造成痛苦。的确如此，但我不会为了顾全他们的感情而出卖自己的自由和力量。况且，倘若将自己的眼光投向绝对真理的领域，人人都会有自己的理性时刻，那个时候，他们会证明我的正确并做和我一样的事。

普通大众觉得，你摒弃了通行的标准就是抵触所有的标准，是纯粹的反律法主义：胆大包天的好色之徒会借哲学的名义为他们的罪恶镀金。但是，意识的法则常在。有两种忏悔，我们想要赎罪的话就必须做到其中之一。你可以采取直接方式，也可以采取反省的方式来澄清自己，从而完成你一系列的职责。考虑一下你是否满足了你和父亲、母亲、表兄弟、邻居、城镇、猫狗之类的关系；他们当中的每一个是否能够责备你。但是我也可以无视这种反省的标准来自我赦免。我有自己特有的严苛要求和完善的轮回方式。意识法则否认所谓的职责，我若能为它开罪，它便能帮我抛弃世俗的法规。要是有人认为这个法则太宽容的话，那就让他花一天的时间去遵守它的戒律好了。

丢掉人的普通动机，敢于相信自己会做一名领头人，是需要非同寻常的勇气的。他要品德高尚，意念忠诚，目光犀利，这样，他才会堂堂正正地自立学说，自立社会，自立法律。这样，他的一个简单的目的才可以像别人铁定的需要那样坚强。

人们明确地把某种东西称为社会，如果有人把它的各方面都考虑一下的话，他就会看到这些道德准则的必要性。人的肌肉和心脏似乎被抽出去了，于是我们就变得胆小如鼠、颓废消极、哭哭啼啼。我们害怕真理，害怕命运，害怕死亡，甚至害怕他人。我们的时代不能产生完美的伟人。我们需要这样的男女，他们能革新生活、革新我们的社会状况，可是我们发现大多数都是些破产的人，他们连自己都不能养活，空有豪情壮志，却无能为力，只好日夜委屈自己去乞讨。我们持家就等于乞讨，我们的艺术、职业、婚姻、宗教，都不是我们的选择，而是社会替我们选择的。我们是纸上谈兵的士兵，躲避着命运的恶战，而事实上战斗才是力量的源泉。

如果在他们的第一个事业中受挫，年轻人就会彻底地丧失信心。如果年轻商人失败了，人们就会说他破产了。如果一所大学里的优秀高才生，毕业一年之后还没有在波士顿或者纽约的市区或郊区工作，他和他的朋友似乎都认为他应该灰心丧气，抱怨终生。从新罕布什尔州或佛蒙特州来的一个健壮小伙儿——尝试了所有职业，他赶过车，种过地，当过走街串巷的小贩，办过学校，当过牧师，编过报纸，进过议会，买过一块六英尺^①见方的地皮，诸如此类，不胜枚举，多年以来永远像猫一样从没摔过跤，他自身的价值抵得上城市里的一百个庸人。他

---

①1英尺约为0.3048米。

与时俱进，并不会因为没有"术业有专攻"而感觉低人一等，因为他并没有虚度此生。他并非只有一个机会，而是有上百个机会。让一个斯多葛主义者放开人的聪明才智，告诉人们：他们没有背靠柳树，不仅有能力，而且必须超凡脱俗。新的力量一定会随着自信的实施而出现。一个人就是诺言构成的肉体，生下来就是为了医治这个民族，他应该以我们的怜悯之心为耻，一旦他自主行事，把法律、书本、偶像和习俗统统扔到窗外，我们就不再怜悯他，而是要感激和尊敬他 而且那位导师一定会重现人生的光彩，让人名留史册。

要使一种更伟大的自立精神在人们的一切职责和关系中掀起一场革命并不难。在他们的教育中、事业中、生活方式中、社会交往中、财产中以及理论观点中。

首先，人们在做怎样的祈祷啊！他们所谓的神职缺乏勇敢和果断。祈祷的眼睛向外看，要求某种外来的美德寻求某种外物的补充，结果让自己在自然的和超自然的、协调的和奇迹般的无穷无尽的迷宫中迷失了。恳求某种商品———一种绝非完美的东西———是邪恶之举。祈祷是从最高的观点出发对生活事实进行沉思。它是一个观察者的欢喜的灵魂的自言自语。是神宣布自己功德时的精神实质。然而，把祈祷当作一种达到一己私欲的手段，就等于是卑鄙和偷窃了。它表示天性和意识之间存在着两重性和不统一。只有人和神合而为一时，他才不会有所乞求。那时，他会从一切行动中看到祈祷的存在。农民在自己的地里跪着祈祷除去杂草，船夫一边划桨一边跪在船上祈祷，尽管目的都不怎么高贵，但这些都是回荡在自然界中真正的祈祷。弗莱彻的《邦杜卡》一剧中的卡拉塔奇，在人们劝他探究一下奥达特神的心意时，他回答说：

他的言外之意隐藏在我们的努力中；

我们的英勇就是我们的真神。

另一种虚假的祈祷就是我们的悔恨。不满就等于缺乏自立：也就是意志薄弱。如果悔恨灾难就能帮助受灾者的话，那就去悔恨吧；如果收效甚微，还是专心干你自己的事吧，这样，就已经开始补救灾害了。怜悯一样是低级行为。我们去看望他们，他们就连哭带号的，我们只好坐下来陪他们一起哀号，而不是向他们传授真理从而使之获得心灵的康复，或是给他们强烈的震撼，使他们重新与自己的理智交流。我们手上的快乐就是我们的幸运秘诀。自立的人永远受到神和人的青睐。所有的大门都为他敞开；无数的言语向他致敬，所有的荣誉汇集他一身，所有的目光都热切地注视着他。我们的爱出去找他、拥抱他，因为他并不曾需要。我们热心地、满怀歉意地抚爱他、赞美他，因为他从来只按自己的意思行事，从来都无视别人的非难。因为众人恨他所以诸神爱他。"在不屈不挠的凡人眼中，享受庇佑的神不过转瞬即逝。"索罗亚斯德说。

人们的祈祷是意志上的一种疾病，同理，他们的信条是智能上的一种疾病。他们对那些痴心的选民说："假如神不和我们说话，恐怕我们会死的。你说吧，随便哪个人跟我们说，我们都言听计从。"无论走到哪里，我们都无法与我兄弟心中的神会面，因为他已经关上了他的圣殿的大门，仅仅在重复他兄弟的神，或者他兄弟的兄弟的神的寓言。每一个新的心灵就是一个新的类别。如果是一个异常活跃、能力超群的头脑，比如洛克、拉瓦锡、赫盾、边沁、傅立叶的头脑，那他就把自己的分类强加到别人身上了，看！一个崭新的系统。他的骄傲自满与其思想深度，及其触及并带给学生的事物之数量都恰到好处。但是，这一点尤其明显地表现在教义和教会中，因为教义和教会也是某个睿智的头脑依照基本的职责思想，依照人与神的关系建立的类别。加尔文派、贵格派、斯维登堡派莫不如此。学生喜欢以新术语为中心来讨论一切，好比一个新学了生物学的女生喜欢从中看到新土壤和新季节一样。一段时间之后，他会发现他的智力通过他对他的老师的研究而增长了。可是在所有紊乱的心灵里，这种类别被偶像化了，它不被看作一种可以很快用尽的手段，而只被看作目的。因此，在他们看来，在遥远的地平线上，系统已经与宇宙融为一体了；天空中的日月星辰看起来就挂在他们老师构建的苍穹中。他们无法想象你们这些异类怎么有权看到——你们怎能看见。"必然是你们用某种手段从我们这里盗取了光明。"由于不成系统，那种光顽强不屈，会射进任何陋室破屋，甚至他们的也不例外；他们还是看不出来。让他们七嘴八舌地去争论一会儿吧，然后就将其据为己有。如果他们诚实、举止得体，那么他们整洁、崭新的棚屋立刻就会显得太狭窄、太低矮，立刻就会破裂、倾斜、腐坏甚至消失，而那不朽的光散发着青春的快乐气息，光芒万丈，五彩缤纷，将会照彻宇宙，就像创世之初的第一个清晨所做的那样。

其次，人们因为缺乏自我修养而迷信旅游，并崇拜意大利、英国、埃及的文化。所有受过教育的美国人至今对旅游痴心不改。而那些使英国、意大利或者希腊在人的想象中受人敬仰的人们却如同一根地轴一样，固守着自己的位置，吸引更多的来者。在做决定的时候，我们觉得职责就在我们的岗位上。灵魂肯定不是一个游客；智者固守家园，如果出于需要、出于职责，叫他离家出走或者客走异乡，他也依然滞留家中，而且还用他的面部表情让人们产生这样的想法，他是在传播智慧和美德，就像国王一样地走访城市，拜会他人，而不是像一个商人或仆人。

只要人首先喜欢家居，不指望为了获得比他现有的知识更高超的知识而出国，我就不会武断地反对那些为了艺术、研究和慈善目的的环球旅行。为了享乐和猎奇而旅游是脱离自我的旅游，置身于古旧事物之中，即使正值年少，也会变老。在底比斯、帕米尔拉，他的意志已经变成那些城市那样，古老而坍塌。他把废墟带进了废墟。

旅游是傻子的天堂。最初，我们的旅程是我们发现了那些地方的冷漠。我在家里梦想着：在那不勒斯，在罗马，我可以陶醉在美中，丢掉悲伤。我收拾好行李，和朋友拥抱之后，登船出海，最后自那不勒斯醒来，身边严峻的事实让人无奈，伤心自己依然如故，只有逃离这一切。我寻找梵蒂冈和那些圣殿。在景色和联想中我假意沉醉，实际上却并未沉醉。我的巨人会陪伴我走到任何地方。

再次，旅游的狂热是影响整个智力行为的一种深刻而不健全的征兆。智力是居无定所的，我们的教育制度只会滋生浮躁。尽管我们的身体被迫困在家里，但我们的心灵还在四处游荡。除了心灵的四处游荡，我们的模仿还会是什么呢？我们按外国情调建筑房屋；用外国装饰品装饰橱柜；我们的见解、爱好、才能都十分贫乏，还在追随着"过去"和"远方"。灵魂创造艺术的地方正是艺术已经繁荣的地方。艺术家正是在他的心灵里寻找他的模型。那只不过是他在要做的事情上和要观察的环境上运用了自己的思想。为什么我们要照搬陶立克式或哥特式的原型呢？美好、方便、宏大的思想，及其优雅的表现，离我们和别人都是一样近，如果美国艺术家对他们要做的事能满怀希望和爱心地去研究，考虑过气候、土壤、昼长、人民需求、政府习性和形式之后，他就会创造一座适合所有人居住的房子，而且还可以满足情趣。

坚持自我；绝不模仿。你随时可以用你终生修养的积蓄力量表现出你自己的天赋；可是，你若沿袭别人的才华，你就只能临时地、部分地占有它。每个人的长处，除了他的造物主没人能教给他。除非他展示自己的长处，否则没人知道那是什么。哪有教莎士比亚的老师？哪有能指导富兰克林、华盛顿、培根和牛顿的导师？每一个伟大的人物都是独一无二的。西庇阿的西庇阿主义正是常人无法借取的。研究莎士比亚就永远不会成为莎士比亚。做好交代给你的事吧，不要奢望太高、鲁莽行事。这个时候，给你一种勇敢而崇高的表达方式，就像菲迪亚斯的巨大凿子，埃及人的巨型泥刀，摩西或但丁的大笔，但和这些又略有不同。尽管灵魂满腹经纶，雄辩无敌，也不可能自贬身份重复自己；不过，假如你听得见这些始祖说的话，你肯定也能用同样的声调去回答他们。因为耳朵和舌头虽然分属两种器官，但性质却是一致。安身于你生命的纯朴、高尚的领域，接受心灵的指挥，你一定会再现"前世"。

最后，如果我们的宗教、教育、艺术的眼睛都放眼国外，社会风气也会如此。所有人都以社会改良为荣耀，却没有一个人有所改进。

社会从没有前进。其倒退和进步都是一样迅速。他不断经历改革；野蛮社会的，文明社会的，基督社会的，富裕社会的，科学社会的，都会有，然而这种改革却不是改进。因为有得必有失。社会在得到新技艺的同时失去了原有的本能。穿着讲究，会读书、写字、思索的美国人跟赤身裸体的新西兰人的对比多么鲜明，前者有怀表、铅笔和汇票在口袋里，后者的财产仅限于一根木棍、一支长矛、一张草席，以及一间很多人共睡的木屋。可是，对比两者的健康状况你就会发现，美国人原有的体力早已丧失了。假如旅行家所讲的是真的，那么，试试用大斧子砍那个新西兰人，一两天后，伤口就会愈合，仿佛你先前砍进去的是柔软的树脂似的。可是，美国人被那样砍就会没命。

造出马车的文明人却失去利用双脚的能力。他的身体用拐杖来支撑却失去了肌肉的支持。他拥有了高级的日内瓦表却失去了靠太阳判断时间的能力。他有一份格林尼治天文年鉴，只要需要就必定会得到资料，可是大街上的普通人却不认识天上的星星。他不懂得观察夏至日和冬至日，也不懂得观察春分日和秋分日；整个年历清清楚楚，而他的脑子里却没有标记。笔记本损坏了他的记忆，图书馆让他的智力不堪重负；保险公司让事故频发。机器有害没害，我们有没有因为讲究文雅而失去活力，有没有因为陷于教条和形式中而失去某种粗犷的气质，这些都是问题。因为每个斯多葛都是斯多葛；但是，在基督教世界，哪儿有基督徒？

道德标准上的偏差并不比高度或者体积上的偏差大。现在的人也不比以前的人伟大，我们可以看到，古代的伟人和现在的伟人没有什么高低之分。在 19 世纪各种文化，包括科学、艺术、宗教和哲学一起发挥作用的条件下所培养出的人物们，并不显得比普鲁塔克笔下两千三四百年前的英雄们更伟大一些，人类的进步并不是和时间的推移成正比的，一些伟大的人物譬如福四翁、苏格拉底、阿那克萨戈拉、第欧根尼，他们并没有留下类别。如果有谁能达到他们的类别，也不会把自己归于该类别之下，而是会独树一帜，成为开山立派的宗师。任何一个时期的技艺和发明仅仅是那个时期的装束，也没有振奋人心。

改良过的机器的害处抵消了它所带来的好处，哈德逊和白令的那么多的伟大业绩都是乘着渔船完成的，这让装备已经集科技之大成的巴利和富兰克林也惊叹不已。仅仅用了一个看戏用的小型望远镜，伽利略就发现了一系列史无前例、辉煌无比的天文现象。哥伦布发现新大陆的时候乘坐的是一只无甲板的小船。每隔一段时期，就有一批原来的工具和机器被淘汰，这种现象可能让人觉得有点迷惑不解，因为这些东西在刚开始被人采用时曾引起过很大的轰动。伟大的天才其实也是普通人。我们把战争艺术的改进归功于科学的功绩，然而，整个欧洲确实是被拿破仑用露营征服的，在这个过程中，有赤手空拳与敌搏斗的英勇，也有置之死地而后生的信念。拿破仑认为，一支完善的部队是不存在的，是不可能建立的。拉斯·卡斯说："并没有消灭我们的武器、弹药、粮食和车辆。然而到了后来，士兵效仿罗马人的做法，竟然自己解决粮食供应，用手磨磨面，自己来烤面包了。"

社会如同波浪，浪涛向前运动，海水却止步不前。同一个颗粒不会从低谷升到波峰，波浪的统一仅仅是表面现象而已。某些人今天创建了一个国家，第二年他死了，他们的经验也会随之消逝。

因此，依赖财产，包括依赖保护财产的政府，这些表现都是缺乏自立。长期以来，人们只看物不看人，于是就把宗教、学术和政府的机构看作财产的卫士，如果攻击这些机构他们便会极力反对，因为他们觉得这是在攻击财产。他们衡量相互尊重的标准不是看一个人是什么，而是看一个人有什么。但是，一个有教养的人出于对自己天性的敬重会为自己的财产感到羞愧。他非常憎恨他所拥有的东西，假如它是意外的收获——通过继承和馈赠，或者是违法手段得来，于是他觉得那是不该拥有的，那不是他的东西，并没有根植于他身上，而只是放在那里，只是还没有被强盗抢走而已。然而，人的生存取决于获取必要的东西，而活生生的财产就是人所获得的东西。它不听从统治者、暴民、革命、火灾、风暴或破产的差遣，而是跟着人自我更新，与他同呼吸，共命运。阿里哈里发说："你的命运在追寻你，因而你就停止追寻吧。"我们对外来之物的过分依赖导致对数量的盲目推崇。政党们的会议越开越多，集会规模越来越大，每宣布一件事情就喧嚣一片。来自埃塞克斯的代表团！来自新罕布什尔的民主党人！来自缅因州的辉格党人！千万双眼睛在注视着，千万只臂膀在挥动着，此时此刻，爱国青年便感到比以往更加强大。改革家们也召集会议、投票选举、做大量的决定。不要再这样了，朋友们！想让神垂青进入你的心灵只有反其道而行之才行。人们只有放弃一切外援，独立自主我们才会看到他的强大和成功之处。他的麾下越是增加新兵，他就会变得越虚弱，难道一个人还不如一座城？不要去求别人什么，在无休止的变化中，你唯一的牢固支柱一定会立刻出现，支撑你周围的一切。如果有人知道力量是与生俱来的，知道自己软弱的原因是求助于外物，领悟到这一点，那谁都会毫不犹豫地依赖自己的思想，马上纠正自己，抬头挺胸，驾驭自己的躯体，去创造奇迹；就好像 个靠双脚站着的人比一个用头倒立的人更稳当一样。

因此，充分去利用一切被称为"命运"的东西吧。大多数人都在跟命运赌博，要么大获全胜，要么满盘皆输，这都取决于它的轮子转向何方。但是，这些你赢得的东西，你必须要放下这些非法所得，再去跟"因果"这个神的司法官打交道。有"目的"地工作、获取吧，"机缘"的轮子已经被你拴住了，从此以后，不会为它的旋转而担心了。政治上的胜利，利益的增加，身体得以康复，久别的朋友得以重逢，或者其他的好事，都会让你的精神感到无比振奋，于是你就认为前面就是你的好日子了。不要相信。除了自己，没有什么可以带给你安宁。除了必胜的原则，什么也不能带给你安宁。

补 偿

儿时起，我就有以"补偿"为题写一篇论文的想法，因为很小的时候我就觉得，以这个问题而言，生活是胜于神学的，而且相对于牧师宣讲的，人们无疑知道得更多。那些各种各样的、令人神往的作为教义依据的文件，总是在我面前展现，甚至在睡觉时也不例外；因为那些文件就是我们手上的工具，我们篮子里的面包，街上的各类交易，就是农场、房屋、问候、关系，就是债务和贷款，性格的影响，所有人的天性和才华。依我看，神性的光辉可以从中给人显示出来，即这一世的灵魂在这一世的活动，没有丝毫传统的痕迹，所以人的心可以在永恒的爱的洪流里沐浴，与他所知的过去一贯如此的、将来必须永远如此的东西交谈，因为现在它确实如此。况且，似乎情况是这样的：有时候真理会在绚烂的知觉中给我们以展示，如果这种教义和那些直觉可以看作类似的话，那么它就像我们旅程中的一颗星，在黑暗的时刻里和曲折的道路上，禁止我们迷失方向。

最近，我因为在教堂里听到一次布道而加强了这些愿望。那位因为坚持正统而受人敬重的牧师，他用极为普通的态度一步步阐述"最终审判"的教义。他假设今世不可能进行这种审判；坏人荣华富贵；好人困苦不堪；然后就依据道理极力主张，在来世，双方要做一种补偿。听众似乎对这种教义并不大惊小怪。据我观察，散场时，人们对布道没有只言片语就各自离去。

但是，这种教义有什么含义呢？牧师口中好人在今生受苦受难是什么含义呢？难道就是说房了、土地、官位、美酒、骏马、华服、美食全部都给作恶多端的人，圣徒只好一贫如洗，受尽歧视；难道是说后者要在来生才能得到一种补偿，就是有朝一日给他们同样的报酬——股票和金钱，鹿肉和香槟？这补偿一定是计划好的，因为还有什么呢？难道就是说许可他们得到赞美和祈祷？许可他们得到爱人和为人们效劳的权利？唉，他们现在就可以做这种事。信徒要做出的合理推断就是——"将来我们一定会有现在的罪人们拥有的那种美好时光"——或者一语道破天机——"现在你们犯罪，不久后我们就会犯罪，如果可以，我们能现在犯就一定现在犯；由于还没有荣华富贵，我们期待机会在明天一雪前耻。"

荒谬之处就在于这种大到不合理的让步：坏人荣华

富贵；正义现在不能推行。那位牧师的盲目性表现就在于：他听从对构成一种荣华富贵的市场所做的低劣估价，而不是对抗，而且给背离真理的世人定罪，却不是宣布灵魂的存在、意志的全能，从而建立起善与恶、成功与伪饰的标准。

我也从当今普及的宗教著作中发现了一种类似的低劣论调，也发现文人们偶然触及相关课题时提出的同一类教义。我觉得我们流行的神学只是在礼仪上说服了它所取代的迷信，而不是在原则上。然而人强于这种神学。它是虚假的，这一点他们的日常生活已经证明了。每一个胸怀坦荡具有远大抱负的灵魂用自己的经验置这种教义于脑后，而且虽然他们无法证明，但是所有人有时候都感觉到了那种虚伪。因为人们那么聪明，他们却不知道。他们在学校里、讲坛上听到的东西都没有回想一遍，如果在谈话时说出来，听者可能会哑口无言。如果有人在三教九流的人的聚会中对天意和神规妄加论断，回答他的就是一种沉默，这沉默并不是说他没有表达能力，而是向旁观者充分表现听者的不满。

我试图在本篇和下篇文章中记录一些事实，因为它们注明了补偿规律的道路；如果我真的画出一点这个圆上的弧，那么我就喜出望外了。

　　对立，或者作用与反作用，在自然界我们随处可见；黑暗与光明；冷和热；潮起潮落；男和女；呼与吸；动物体内的液体的质与量的平衡；心脏的收缩与舒张；液体和声音的起伏波动；离心力和向心力；静电、流电和化学亲和力。在指针的这一端增加磁力，另一端就会产生相反的磁力。南极吸引的话，北极就会排斥。为了给这里腾出空间，就必须给那里压缩空间。大自然被一种无可避免的二重性一分为二，所以每件事物都只是一半，并且表明要使事物成为一个整体还得需要另一半，比如：精神与物质，男人和女人，单与双，主观和客观，内与外，上与下，动与静，是与非。

　　世界与它的每一个组成部分都是两重性的。万物的整个体系都表现在每一个粒子里。在一根松针里，在一粒谷子里，在每个动物群的每一个个体中，都有某种东西类似于潮起潮落、白天黑夜、男人女人。反作用在自然力中表现得如此气势威猛，还要在这些小范围内重复上演。例如，在动物世界里，生物学家已经观察到没有一个动物是受上天垂青的宠儿，却有一种补偿平衡了每一种天赋和缺陷。同一种动物在某个方面有利，就会在另一方面有弊。如果脑袋、脖子增长，鼻子和四肢就要缩短。

　　另外一例是机械力的理论。功率上我们有所增加，时间上就有所减少；反过来也是如此。还有一例就是行星的周期或补偿误差。气候土壤在政治历史中的影响又是一例。寒冷的气候能强身，贫瘠的土地催生不了热病、鳄鱼、老虎或螃蟹。

人的天性和状况的基础也是由这种二重性构成的。过犹不及；亏极而盈。甜中有酸；恶中有善。接受快乐的每一种官能一经滥用就会受到相应的惩罚。那样做是为了延长他的寿命。给一点智慧就伴随一点愚蠢。有失必有得；有得必有失。如果财富增加，利用财富的人也会随之增加。如果采集者搜刮太甚，大自然就会拿走它曾经放在此人胸中的东西；财产得到增长，财主却被葬送。垄断和特例为大自然所憎恨。尽管巨浪翻天，但立即又趋平静，状况虽然千差万别，取得均衡却甚为容易，前者并不比后者速度快。总是存在这么一种平均主义，把飞扬跋扈的家伙，富裕幸运的小子拉到和其他人同样的水准。对于一个社会来说，如果一个人过于强大和凶残，而且从性情和立场上讲还是一个坏公民——一个乖张暴戾的恶棍，身上冒着一股海盗的闯劲——大自然就会给他送去一群漂亮儿女，都由乡村学校的女教师教育，对他的疼爱和惧怕就将他的满脸戾气化为祥和。就这样，大自然想方设法地软化花岗岩和长石，拿出野猪的习性，加入羔羊的气质，严格维持着它的平衡。

农民热衷于权利和地位是件好事。但是总统为了入主白宫付出的代价却很高昂。一般来说，为了暂时保持一种举世瞩目的形象，他心甘情愿地在宝座后面的真正主人面前含羞忍辱。或者，人们是不是渴望天才的伟大能够更加牢固而永久呢？没有谁能免疫这个东西。谁利用意志或思想的力量成为伟人，对无数人视若无睹，谁就背上了显赫的炸药包。新的危险随着每射进一次光而出现。他有光明吗？对那永不停息的灵魂新的启示，他必须保持忠诚，以此来替那光做证，而且总要超越让他志得意满的那种同情。对父母和妻儿，他必须去憎恨。世人所爱慕和觊觎的一切他是否拥有？——他必须将他们的爱慕抛在身后，必须用他对自己真理的忠诚来折磨他们，而且必须成为笑柄和嘘声。

这条规律写下了各个城市和各个国家的种种法律。要对它加以建立、划分或组合，纯粹是做无用功。长期的错误管理，事物会拒不接受。对于一种新的恶，虽然种种遏制还未出现，但遏制还是存在的，并且一定会出现。如果政府惨无人道，政府首脑就会人头落地。如果征税太高，国家的年收入就会毫无成效。如果刑法太过残酷，陪审团就会拒绝定罪。如果法律太过宽容，私人复仇就会趁机插手。如果政府极端民主，公民就会精力过剩，压力就会遭到抵制，生活就会闪出更加强烈的光芒。对于极端艰苦和极端幸运的境遇，人的真正生活和满足似乎是在逃避的，似乎对各种环境都能处之泰然。在各种政府的统治下，性格的影响从未改变——无论在土耳其还是英国，大体都是一样的。在古埃及的专制帝王的统治下，历史坦诚地承认：人能得到多大自由，就在于文化能给予人多大自由。

这些现象呈现出这样一个事实：宇宙体现在它的每一个粒子里。自然界的每个事物都包含着大自然的一切机能。每一个事物都是由一种隐秘的材料构成的；正如每一种状态改变都被生物学家看作一种类型，马被看作跑着的人，鱼被看成游泳的人，鸟被看成飞翔的人，树被看成扎根的人。每一种新的形式不仅是对该类型的主要特征的重复，而且它的其他部分对应地重复了其他每种类型的所有细节、目的、促进、妨碍、能力和整个体系。每一种职业、行业、技艺、事务，都是世界的一个大纲，与其他的每件事都息息相关。每一个事物都是人生的一种完整的象征，是人生的善与恶、人生的考验、人生的敌人、人生的进程和目标的一种完整的象征。每一个事物必须以某种方法容纳完整的人，将他的全部命运详加表述。

　　世界自己把自己浓缩进一滴露珠。那些因为小而未完善的生物，显微镜发现不了。眼睛、耳朵、味觉、嗅觉、运动、阻力、欲望以及控制永恒的生殖器官——都找到了空间寄身于这个小小的生物。所以每一种行动都被我们注入我们的生命。普遍的教义就是：每一个苔藓和蛛网都是上帝完完全全的重现。宇宙的价值想方设法把自己表现在任意一点上。有善的地方就必定有恶；有吸引的地方就必定有排斥；有力量的地方就必定有限制。

　　所以宇宙是活的。万物是有道德的。灵魂在我们身体内部就是一种感情，在身体外部就是一种规律。它的灵感被我们感觉到了；在外面的历史中，我们看到了它的决定命运的力量。它存在于世界中，它构成了世界。它不会拖延。在生命的各个部分，一种完美的公正被调整平衡。"上帝的骰子总是灌铅的。"世界看起来像一个乘法表或一个方程式，无论你怎么移项，它都维持着自己的平衡。无论你取什么数字，你都会得到它的准确值，不多不少。有秘密就一定会有泄露，有罪恶就一定会有惩罚，有美德就一定会有报答，有错误就一定会有纠正，默默进行着，必然是这样。那种普遍的必然就是我们所认为的报应，因为它的存在，只要有部分出现就会有整体出现。你看见烟了，火就一定存在。你看见一只手或者腿了，那你就知道后面肯定有它所属的躯干。

每一种举动都是在用一种双重方式报答自己，或者换个说法就是，完善自我；首先是在事物或真正的自然中；其次是在情况或表面的自然中。情况被人们叫作报应。因果报应在事物中表现，灵魂可以看见。情况中的报应可以被知性看见；它跟事物紧密相连，可是往往延续很久，所以直到多年以后才会清晰可见。清晰的鞭痕必然是跟在鞭笞之后出现，可是鞭痕随后而至的原因就是它是伴随着鞭笞的。罪与罚是一个茎上的产物。罚是果，它出乎意料的成熟于包裹着它的快乐之花中。原因与结果，手段与目的，种子与果实，是不可分割的，因为结果已经在原因之中开花，目的预先存在于手段之中，果实早就孕育在种子里。

尽管世界愿意成为整体，拒不接受分裂，但是我们还是想尽办法各自行动、相互分离、据为己有。例如，我们为了满足感官享受而把它与人格的需要彻底分离。人的智慧总是在被利用解决这个问题——怎样把感官上的甜美、强壮、鲜艳等与道德上的甜美、深沉、清白分开；也就是说，再一次设法使这个表面被刮得连底也保不住，再一次设法顾头不顾尾。灵魂说，吃吧；肉体就大吃特吃。灵魂说，男女的灵魂和肉体应该是一体的；肉体只不过是肉的合体而已。灵魂说，为了美德的目的，统治万物吧；肉体主宰万物的目的却是为了自己。

灵魂极力通过万物生活和行动。这大概是仅有的事实。万物必将附加到它身上——能力、欢乐、知识、美。某人希望自己成为一个关键人物，竭尽全力树立自己的形象，千方百计地谋取一种私利，具体来说就是，他想骑马就可以骑马；想穿衣就可以穿衣；想吃就吃；想统治就可以万众瞩目。人极力想要成为伟人；他们会拥有地位、财富、权力、声名。他们以为伟大就是占有自然的甜的那一方面，而不会有苦的那一方面。

这种割裂手法被坚决抵制。不得不承认：到现在为止，有这种图谋的人甚至都没取得过哪怕微乎其微的成功。我们的手缩回来，分开的水就又合为一体。一旦我们设法从整体中把这些东西分离出来，欢乐就从欢乐的事物脱离，利益就从有利的事物脱离，力量就从强大的事物脱离。把事物一分为二的事我们无力为之，就像我们不能得到无表之里，无影之光一样，我们不能单独提取感官上的好处。"用一把草杈把自然撵出去，它就又跑了回来。"

生命把自己用种种不可避免的状况包围起来，缺心眼的人力图回避它们，一个个还胡吹什么他并不知道；它们没有碰过他——然而他们嘴上在吹牛，灵魂里却藏着状况。如果他在一个部位上逃过了它们，另一个更加要害的部位就会受到它们的攻击。如果他在形式和表面上逃过了它们，那是因为他已经对生命做出了抗拒，逃脱了自我，报应就是死亡。想把利益和负担分开的各种尝试都以失败告终，这失败非同小可，所以，千万别尝试这种实验——因为进行这种实验就是疯狂的象征——可是在背叛和分裂的情况下，既然意志中早就开始了疾病，那么智力被传染也就是眼前的事，这样，在每个物体中人就看不见完整的上帝，只能看见一种来自物体的对感官的诱惑，而看不见对感官的危害；他看见美人鱼的脑袋，却看不见龙的尾巴；而且认为它可以把想要的和不想要的分得很明确。"你默默地居于天顶，那么神秘，啊，你这无与伦比的伟大上帝，怀着一种不倦的天意，把某种受罚的盲目洒向为所欲为的人！"

在寓言、历史、法律、谚语、会话的描绘中，人的灵魂是忠于这些事实的。它在文学中情不自禁地说起话来。所以，希腊人称朱庇特为"最高心灵"；可是由于传说中认为他的卑劣行径太多，因此他们就顺理成章地向理性赔罪，办法就是捆起这个如此恶劣的神的双手。他被塑造成英国国王那样的无可奈何。普罗米修斯知道一个乔武必须预料到的秘密；密涅瓦知道另一个。他无法得到自己的雷霆，密涅瓦掌管着他们的钥匙。

众神之中 唯我知晓

开启坚固大门之钥

地下室里

他的雷霆在睡觉

众人对万物的介入供认不讳，对它的道德目的供认不讳。印度神话以同样的伦理道德作为结局；任何不道德的寓言是不可能被创作和传播的。曙光女神忘了为她的恋人要青春，所以，虽然提托诺斯有了长生之术，却还是一副衰老之貌。阿喀琉斯也并非毫无弱点；圣水没有浸到他被忒提斯所抓的脚上。《尼伯龙根之歌》里的齐格弗里德也做不到不朽，因为在他用龙血浸身的时候，一片树叶落到他的背上，所以那块被树叶遮住的地方就成了他的致命之处。情况必须如此。每一件上帝造的事物都存在缺陷。似乎总有这样一种惩罚性的事件出人意料地偷偷潜入，甚至潜入人的幻想企图借以消遣，并摆脱古老的清规戒律的最狂放的诗歌中——这种反击，这种枪炮的后坐力，证明规律无可避免，证明在自然界，没有什么是白给的，一切都要付出代价。

这就是那个古老的复仇女神的教条。她对宇宙进行监控，不让任何违法行为逍遥法外。据说，正义的维护者就是复仇三女神，如果天上的太阳偏离了轨道，她们就要惩罚它。诗人们说石墙、钢剑、皮鞭对于自己主人的过错怀着一种隐秘的同情；埃阿斯给了赫克托尔一根皮条，后来它被拴在阿喀琉斯的战车的车轮上，把赫克托尔这位特洛伊英雄在战场上拖来拖去。赫克托尔给了埃阿斯一柄宝剑，埃阿斯后来倒在了它的利刃上。据记载，塔西亚人为竞技的优胜者忒吉尼斯立了一尊雕像，他的一个对手趁夜黑去敲打雕像，试图把它弄倒，最后他搬动雕像底座，但却被倒下来的雕像砸成肉泥。

这种来自寓言的声音带有某种神圣的意味。它是从超越作者的意愿的思想中到来的。它是每个作者的精华所在，里面毫无私人意见；甚至作者本人也对它一无所知；它是从他的性格中奔流出来的，而不是来自胡编乱造；你不会在只研究一个艺术家的时候发现它，但是研究的艺术家多了，你就会把它看作他们所有人的精神并把它提取出来。它不是菲迪亚斯，而可能是我所了解的那个早期希腊人的作品。菲迪亚斯的姓名和情况，无论对于历史来说多么方便，但是一旦我们接受到最高明的批评，就会令人困惑。在特定的历史阶段人倾向于做什么，而且在做的过程中，什么被菲迪亚斯、但丁、莎士比亚的干预意志，也就是人在当时工作的工具所妨碍，或者如你想说的，所更改，这是我们要弄清楚的。

世界各国的谚语对这一事实的表现更引人注目。谚语一直是理性的文学，或者是对一种绝对真理的绝对坦诚的陈述。谚语是直觉的神圣殿堂。嘈杂喧闹的世界，专搞形式主义，坚决反对现实主义者用自己的话说出这种事，但是允许他用没有矛盾的谚语去说。这种被教堂、议会、学校都加以否定的通用法则，却无时无刻不在所有的市场、商店里用奔放的谚语宣讲着，他的教育意义就像鸟和苍蝇一样真实得不容置疑，并且无处不在。

万物都是双重的，一重反对另一重。以刀还枪；以眼还眼；以牙还牙；以血还血；一报还一报；以爱还爱。赋予必定索回。洒水必定弄湿自己。你想要什么？上帝说，一手交钱，一手交货。不入虎穴，焉得虎子。按劳取酬，各得其所。不劳不得，害人终害己。诅咒他人，祸及自身。锁链的一头捆着奴隶，另一头就捆着你自己。诡计多端必有恶报，魔鬼是驴子。

这么写是因为生活中确有其事。自然规律支配着我们的行为，也表现了它的特点，这并不以我们的意志为转移。通常，我们鼠目寸光，置公共利益于不顾，可是在不可抗拒的磁力影响下，我们的行为与世界的磁极保持着一致。

　　一个人一说话就等于对自己做出论断。真心也好，违心也罢，他的同伴在心中用他的每一句话为他画像。他说出的每一种看法都影响他自己。它是一个投向目标的线球，它的另一头仍然在投掷者的口袋里装着。或者它更像一柄鱼叉投向鲸鱼，它从小船的一盘绳子上松开，飞向前方，如果鱼叉质量不好，或者投掷技术太臭，它就会掉头把叉手叉做两截，或者叉沉小船。

　　恶有恶报。"谁若有一点自大妄为的做法，谁就会深受其害。"柏克说。一心想要单独过时尚生活的人看不到他在力图独自享乐时反把自己排除在欢乐之外。宗教中的排他主义者看不出他竭力把他人拒之门外时，等于把自己关在天堂的门外。谁把别人当小兵或者儿柱戏一样摆弄，谁就会受到像他人一样的惩罚。如果你无视别人的心，就一定会失去自己的心。一切人都会被感觉化为物，妇女、儿童都会被化为物。俗话说："我不是从他的钱包里弄到手，就是从他的皮肉里榨取到。"这确实是一种必然成功的哲学。

　　在我们的社会关系中，只要那做法与爱和公道相违背，就会很快地得到惩罚。它们受到的惩罚就是恐惧。在我跟我的同类关系单纯时，我遇见他并不会产生不快。

我们相遇，就像水和水的相遇，或者两股气流混合到一起，具有大自然完善的扩散和渗透功能。一旦没了单纯，有了分庭抗礼的想法，或者出现了对我有利对他不利的情况，我身边的人就会觉得委屈；他像我躲开他那么远地躲开我；他的目光再也不会寻找我的目光；我们之间的冲突产生了；他产生的是仇恨；我产生的是恐惧。

所有社会中的陈规陋习，普遍的和特殊的都算上，任何用不公正手段聚集的财富和权力，都会受到同样方式的报复。恐惧是大智慧的良师，也是一切革命的先驱。一个出自他的教诲就是：哪里有他出现，哪里就有腐朽。他是一个以腐肉为食的乌鸦，虽然你不明白他为什么盘旋，但可以肯定的是那里必有死亡。我们的财产、法律以及有教养的阶级全都胆小怕事。恐惧生生世世都是政府和财产的预兆，对它们怒形于色，喋喋不休。无缘无故地，那种晦气的鸟不会飞到那里。他表明那里有必须纠正的大错存在。

对于变化的期待时刻注视着我们自愿活动的中止，这种期待性质类似。晴空万里的正午的恐惧，波吕克拉忒斯（古希腊神话中统治萨摩斯的暴君。他由于走运而害怕复仇女神，曾向海里扔进一颗绿宝石，可那宝石却装在一条鱼的肚子里返回到他的手中）的绿宝石，对成功的畏惧，那种本能——使每一个慷慨的灵魂把一种高尚的苦行主义和替人受罪的美德的任务强加在自己身上，诸如此类，都是通过人的思想感情所产生的并不稳定的正义平衡。

精于人情世故的人深深明白最好是边走边把账结清，而且也非常清楚：人通常会贪小便宜吃大亏。借钱借东西的人其实先欠了自己的债。一个人得到的好处有一百种，但却没有一点回报的举动，难道他得到了吗？这一举动立刻让人们认为一方在施恩，一方在欠债；也就是说，立刻认为一方优秀，一方低劣。在他和他的邻居的记忆里一直停留着这笔交易；新的每一笔交易的相互关系都要按其性质而改变。或许他很快就会明白：宁可折断自己的骨头，他也不去坐邻居的马车，而且也知道了"对于一件东西，他所付出的最高的价格莫过于开口乞求"。

一个明智的人，他会把这种教训向生活的各个方面推广，并且还会知道：面对每一个请求者，每一种满足对你的时间、才能和心愿的合理要求，就是谨慎的本分。永远偿还；因为无论早晚，你的全部债务都是必须要偿还的。你公正与否，一时之间，人与事还无法做出论断，但是，那仅仅是延迟罢了。最终你必须把你自己的债务偿还。假如你明智的话，你就会对成功感到害怕，因为那只能增加你的负担。利益是大自然的目标。然而每当你获得一种利益，你就要交一笔税款。谁把大部分利益给予别人，谁就伟大。谁只受恩不报恩，谁就卑鄙——这是世界上唯一的卑鄙事情。在大自然的秩序中，我们不能从谁那儿受益就报答谁，或者说这很难做到。但是，我们得到的利益必须报答给他人，一个行业对应一个行业，一种行为对应一种行为，一分钱对应一分钱。小心不要让太多的好处集中在你手上。否则，它会很快地腐烂。快点用个什么方式打发出去吧。

同样的一些无情的法则也会关照劳动。谨慎的人说，最宝贵的劳动最便宜。我们在一把扫帚、一块席子、一辆马车、一把小刀中买到的是某种良知在一种共同的需要上的应用。在你种地的时候，最好的办法是出钱雇用一个能干的园丁，或者买到能应用到园艺上的优秀知识；做水手时，买应用到航海上的优秀知识；持家时，买应用到烹饪、缝纫、服务上的优秀知识；做代理人时，买应用到账目和事物上的优秀知识。所以你每件事都要亲自参与，或者每件事都要自己做。可是，由于事物具有双重性格，劳动中和生活中一样，不允许半分虚假。小偷偷的是自己身上的东西。骗子骗的正是他自己。因为知识和美德才是劳动的真正价值，财富和信誉不过是标记而已。这些标记就像纸币一样，是可以伪造和偷窃的，然而标记代表的那个东西，即知识和美德，却是无法伪造和偷窃的。不真正发挥智力、不服从纯洁的动机，那么劳动的这些目的就是达不到的。具有物质和道德性质的知识是骗子、窃贼、赌徒敲诈不到的，因为他们真正的关心和辛苦把它交给了知识的运用者。自然法则就是：干过这个事，你就有这种能力；不干这个事，就没有这种能力。

从削木桩到修建城市、创作史诗，人的劳动尽管形式有很多差别，但都是宇宙的完善补偿的一个重大的例证。给予与取得绝对平衡，事物必有其价值的学说，不付其价不得其物，无价之物不可能得到——在账项中的崇高并不在国家预算、光明与黑暗的规律、大自然的一切作用与反作用中的崇高之下。我不能怀疑那些每个人都看见蕴藏在他们所熟悉的进程中的崇高的规律，那些在每个人的凿刃上发光、由他的测锤和量尺量定、在商店账单的总额中像在一国的历史中那样明白的、严格的伦理，给他推荐了他的职业，虽然几乎不会点名道姓地说出，还把他的事业扩大到超乎他想象的程度。

品德和自然的联盟促使万物结成了一条反对罪恶的统一战线。叛徒受到世界上所有的美好规律和物质的践踏和鞭挞。他发现整个世界没有恶棍的容身之地，事物都是为了真和善安排的。一犯罪，大地就变成玻璃制造的。一犯罪，就好像地面上落了一层雪，就像它在森林里暴露每一只鹧鸪、狐狸、松鼠和鼹鼠的踪迹那样。你不能收回说出去的话，你不能抹掉足迹，你不能吊起梯子，自断后路，不留线索。总有某种浑蛋的情况必然泄密。自然的规律以及自然物质——水、雪、风、引力——对窃贼来说，都变成了绊脚石。

另一方面，这种规律对任何正确的行动都万无一失地适用。爱护别人的人必定受人爱戴。所有的爱都是天经地义的，就像一个代数方程的两边一样合理。善人具有绝对的善，这种善就像火一样把万物的性质与它同化，如此一来你就无法对他造成伤害；可是，就像被派去与拿破仑作战的皇家部队一样，拿破仑来了，他们就改旗易帜，化敌为友，同样，种种灾害，如疾病、攻击、贫困，最后都被证明是恩人：

萧瑟的风和涛涛的水

助长了勇士的力量和神威

涉及己身却无所谓

软弱和缺陷甚至都来帮助善良的人。有点自大的人都会身受其害，同样，有缺陷的人会在特定场合身受其利。寓言中的牡鹿赞赏它的角却讽刺它的脚，但是猎人来了的时候却是脚救了它的命，后来，它的角卡在灌木丛中，就此断送了它的性命。人活着其实应该感激他的缺点。一个人无法对一个真理彻底领悟，除非他与这个真理较量过，同理，一个人对人们的障碍和才能无法彻底地了解，除非他深深受到障碍的苦恼，看到了自己因为缺少某种才能而遭受失败的命运。难道他有一种气质上的缺陷让他与他人格格不入？那倒好，他只能去自寻其乐，反而培养了自立的习惯；如此一来，如同受伤的牡蛎一样，它用珍珠修补了自己的贝壳。

我们的软弱是我们的力量的来源。只有被刺痛、狠狠打击之后，被秘密部队武装起来的愤怒才会被激起。伟大人物总是甘于渺小。一旦他坐在有利的软垫上，他就会沉沉睡去。如果他遭受压力、折磨和失败，他就有了学习的机会；他就增长了谋略、勇气；他就得到了信息；了解自己孤陋寡闻，治愈了他的自大狂妄；学会了稳重和真正的技能。明智的人喜欢把自己置于受攻击的境地。他比攻击他的那个人更喜欢发现自身的缺点。伤疤愈合之后，就像一层死皮一样从他身上脱落，攻击者眼看胜利在望了，看哪！他却变得不可摧毁。对比赞扬，非难更加安全。我讨厌在报纸上有人为我辩护。只要所说的都是攻击我的话，我就感到某种成功的把握。但是，一旦有人对我赞不绝口，我就感觉自己赤手空拳地暴露在敌人面前。总之，只要我们不屈服，任何一种恶行都是恩人。桑威奇岛上的居民相信：如果他杀死一个敌人，该敌人的力量就会转移到他自己的身上，同理，我们获得了我们所抵抗的诱惑的力量。

如果我们愿意这么说的话，保护我们抵御灾难、缺陷和仇恨的同一些卫士，还保护我们免受自私和欺骗的攻击。我们制度中最好的东西并不是各种规矩，我们智慧的标志也并非精于经商。人们在漫长的一生中受苦受难，却总是无法摆脱这样一种愚蠢的迷信：他们有可能被骗。可是，人只能自己骗自己，不可能受到别人的欺骗，就像一件东西不可能既存在又不存在一样。我们所有的交易中都有一个一声不吭的第三者。事物的性质和灵魂为履行每一个合同做出保证。这样，诚实的服务就不可能蒙受损失。如果你服侍的主人是个忘恩负义的人，那就更好地服侍他吧。借上帝之手干预你的债务。举手之劳一定会得到报酬。报酬拖得越久就越对你有好处；因为这一资产的价格和用途就是利滚利。

力图欺骗自然，力图引水上山，力图拧沙成绳的历史，就是迫害的历史。干这种事的无论是很多人还是一个人，无论是个暴君还是一群暴民，都毫无区别。一群暴民是一伙自愿丧失理性、阻挠自己工作的行尸走肉组成的社会，暴民就是自愿把人性贬为兽性的人。黑夜是适合它活动的时刻。跟它的性格一样，它的行为也是疯狂的。它会把一项原则困扰；它会把正义用皮鞭抽打；它会把公理千刀万剐，它所用的办法就是谁具有上述品质，它就把谁的房子付之一炬，并对他的人身进行侮辱。它就像男孩子的恶作剧，他们跟着消防车跑，要扑灭那涌向群星的红霞。他们的敌意却把不受亵渎的精神转向作恶者。殉道者不容侮辱。每抽一皮鞭就是一条名声的舌头；每一座牢房是一个更加繁华的居处；每一本被烧的书，每一座被烧的房子将全世界照亮；每一句被禁或被删的话都响彻人间。当真相大白，殉道者沉冤昭雪的时候，明智、体谅的时刻总要来到社团那里，如同来到个人那里一样。

这样，所有事物都在宣扬事态的冷漠。人就是一切。任何一件事都有两面：这面是善，那面是恶。任何一种利益都有其自己的负担。我学会了满足。可是，补偿的教义并非冷漠的教义。听到这些描述之后，有些没有思想的人就会说，干好事有什么用呢？一件事是好处坏处都有的，如果我们得到好处，我们就要为此付出代价；假如失去好处，我们还会另外获得好处；无所谓做什么。

对心智即灵魂自己的天性来说，还有一种比补偿更深刻的事实存在于灵魂中。灵魂是一种生命，而不是一种补偿。灵魂存在着。事态如同波涛汹涌的大海，海水的涨落遵循着完美的平衡。在这个大海下面，有原始深渊真正"存在"着。"本质"或者上帝，不是一种关系，也不是一个部分，而是整体。存在就是极大的肯定，剔除了否定，有自我平衡，把所有的关系、部分和时势全都吞进肚子。从那里，自然、真理和品德涌了进来。恶就是没有或离开同一种事物。虚无也许真像茫茫黑夜或阴影一样耸立着，活的宇宙以它为背景把自己画在上面；然而事实并不是虚无产生的；它发挥不了作用，因为它并不存在。它不行善；它不作恶。它就是恶，因为不存在比存在要卑鄙。

我们觉得我们的报答因为种种恶行而被骗走了，因为罪犯拒不悔改，一味进行抗拒，而且在任何地方都不明确地改邪归正或者接受审判。在人和天使的面前也没有一针见血地批驳他的胡言乱语。难道因此他的智慧胜法律一筹？他因为自己满身的邪恶与谎言，已与自然永别了。以同样的方式，邪恶也会向知性演示一番，但是，只要我们看不到它，这一致命的扣除就把那永恒的账目结清了。

另一方面，不能说必须以某种损失为代价才能获得美德。对于美德就没有惩罚，对于智慧就没有惩罚；它们都是存在的正当增补。我们在一种善良的行为中正当地存在着，我们在一种善良的行动中对世界有所增补；我向从"混沌"和"虚无"中征服过来的沙漠里种植，并且看见黑暗在天边退去。爱没有过量；知识没有过量；美没有过量；如果在最纯正的意义上把这些品质加以过滤的话。灵魂不需要限制，而且永远对乐观主义加以肯定，绝对不肯定悲观主义。

他的生命是一种胜利而不是停留。信任就是他的本能。当运用到人身上的时候，我们的本能对灵魂的存在是"较多"和"较少"的利用，而不是对他的不存在进行利用；勇士比懦夫伟大；比起傻瓜和恶棍，真正的、智慧的、仁慈的人是一个人性较多的人，而不是人性较少的人。美德这种好处毫无负担；因为那是上帝自己或者绝对存在的到来，没有什么可以与之相提并论。物质上的好处却有负担，它来的时候如果没有功德和汗水，它的根就无法扎进我们的身体，最后一阵风就把它吹走了。然而大自然的一切好处都是灵魂的好处，是可以拥有的，如果可以用大自然合法铸造的货币去购买的话，换句话说就是，用心智所允许的劳动去购买的话。我不希望遇到一种不是我挣来的好处，比如说，一罐埋着的金子被我找到，因为我知道它会带来新的负担。我不希望更多外在的好处——不想要财产，不想要荣誉，不想要权利，不想要风度。这种获得是明明白白的；负担也是清清楚楚的。可是，知道存在补偿，知道挖金银财宝，并不理想却没有负担。因此我很安心，并且自得其乐。我对可能会出现危害的范围做了限制。我学到了圣伯纳德的名言——"除了我自己，没有什么能对我造成损害，我随身携带着我所遭受的危害，我绝对不是一个真正的受害者，除非被自己的过失伤害。"

对条件不等的补偿，在灵魂的天性里就有。似乎"较多"和"较少"的区别就是自然的根本悲剧。"较少"怎么可能不感到痛苦，怎么可能不对"较多"感到愤怒和怨恨？如果看看那些才能较少的人，一个人就会感到悲哀，不太清楚怎么利用那点才能。他对他们的目光简直要回避了；他害怕他们会埋怨上帝。他们应该怎么做？似乎那样太不公平了。可是认真地看看事实，这些山一样的不平就会消失。爱削弱了这些不平，如同太阳融化了海里的冰川一样。因为任何人的心和灵魂都是一个，所以"他的"和"我的"的这种痛苦就停止了。他的就是我的。我是我的兄弟，我的兄弟也是我。如果我在伟大的邻居面前感觉自己渺小，远远不及，我还可以爱；我依然是可以接受的；而爱别人的人会把他所爱的伟大化为己有。因此我发现我的兄弟就是我的保护人，真心真意地帮我做事，而我那么渴求的财产就是我的。灵魂的天性就是容纳万物。

耶稣和莎士比亚是一些灵魂的碎片，它们被我用爱征服，并被我合并到我的意识领域里。他的品德难道不是我的？他的才智若不能成为我的才智的话，那就不是才智。

自然灾害的历史同样如此。那些时隔不久就要对人的成功加以破坏的变革，就是一些其规律为生长的大自然的广告。依据这种固有的需求，每个灵魂都在舍弃它的一整套事物，它的朋友、家庭、法律、信仰，就像贝类动物爬出它的美丽而坚硬的壳，因为这个壳再不能让它成长了，然后慢慢成了一个新的居所。这些革命时有发生，是适应个人活力的，及至后来，在某种更为愉悦的心态下，革命继续推进，所有社会关系极为松散的围绕着个人，可以说，变成了一种透明的液态膜，透过它所看到的活的形体并不像大多数人的情况那样，是一种硬化了的多相组织，包括很多日期，没有固定的特点，人就在里面囚禁着。之后扩张就产生了，昨天的人就很难被今天的人认出来了。但总会有这么一天，人的外在应该这样，一天天地脱去死去的情况，就像一天天地更换自己的衣服一样。然而，在我们废弃的地产上，这种生长正在休息，而不是正在前进和抵抗，而不是与神圣的扩张合作，它就这样突然地来到了我们身边。

我们无法与朋友分别。无法让我们的天使离开。他们仅仅是出去了而我们却看不出来，我们也看不出来天使常可以进来。我们是事物的盲目崇拜者。对灵魂的富有我们并不相信，也不相信他独有的永恒和遍及各地。我们不相信任何今天的力量能媲美昨天，并把它重新创造。我们流连忘返于古帐篷的遗址，因为我们曾经在那里吃过住过生活过，我们也不相信精神能够哺育、庇护、激励我们。那样宝贵、那样甜美、那样优雅的事物，我们再也不可能发现了。但是我们坐在那里哭，也是毫无用处。无所不能的上帝发话说："永远上进！"我们不可以流连在废墟里。新生事物我们也不想依赖；因为我们走路的时候眼睛总是向后看着，就像那些向后看的怪物似的。

但是，长此以往，理智眼前也呈现出了灾难的补偿。热病、断肢、失望、丢失财产、丧失朋友，在当时似乎是没有补偿的损失，也是没办法去弥补的。但是万全的岁月显现出隐藏在一切事实之下的极大的补救能力。朋友、妻子、兄弟、恋人的去世似乎毫无别的意思，仅是丧亲而已，但是后来，却显现出一位导师或者天才的面貌；因为在我们的人生道路上它通常发动了一场场的革命，等待结束的幼年或者青年时代就此宣告终结，一种习以为常的活动、一个家庭或者生活方式也就此被打破，从而让新的开始形成，以便对性格发展更有好处。它允许或强制形成新的相识，接受新的影响，这一切在往后的岁月里，被无数事实证明是至关重要的，而那些本意是要做在向阳庭园里栽培的花的男女，根部毫无发展余地，头顶的日照又过多，但是院墙的倒塌和园丁的忽视反而把它造就成森林里的裕树，为或远或近的人们遮阴、结果。

精神法则

当我们在内心回首往事时，当我们在思想之光下关照我们自身时，我们就发现我们的生活被美环绕着。我们向前走的时候，万物就在我们身后逐个地显示出它们令人愉快的形式，就像遥远的云朵一样变幻万千。只要在记忆的图画中占有一片领地，何止熟悉或陈旧的食物，就连悲惨可怕的事物都会看起来很顺眼。河岸、水草、老房、傻子——不管现在怎样被忽视——都具有一种过去的美。甚至就是那在卧室挺着的死尸也为屋子增加了一种庄严的装饰。灵魂是不知道伤残和疼痛的。在头脑清醒的时候，如果我们应该把最严峻的事实说出来，那我们就该说，我们从未做出任何牺牲。这种时刻，似乎理智超乎寻常的伟大，因此，不可能从我们身上拿走任何重要的东西。所有损失和痛苦都是个别的；对感情来说，整个宇宙依然完好无损。苦恼或者灾难都不能降低我们的信任。对自己的哀伤，没有人能像他可能做到的那样轻松。对那些曾经在赶过最有耐性、乘坐的最严重的马车里说的夸大其

68

词的话，还是尽量谅解吧。因为我们仅仅是在创造、遭受有限；无限却只是笑而不语，静静躺着。

人如果能始终过一种自然的生活，不自己给自己的思想找麻烦，那么可以保持纯洁、健康的精神生活。谁都不必在思考时遇到困扰。让他做严格属于他的事，说严格属于他的话，虽然读书不多，但他的天性绝不会在他的精神上形成障碍和怀疑。我们的年轻人深受原罪、罪源、宿命等神学问题的影响。这些问题从未对任何人造成实际的困难——从未遮掩任何人的道路，因为没人会费尽心机地寻找它们。这些都是灵魂里的流行性腮腺炎、麻疹、百日咳，没这些病的人是说不出自己的健康状况的，于是就无法对症下药。思想单纯的人对这些敌人一无所知。如果他能说清楚他的信仰，对其他人阐述他的自我协调和自由的理论，那就是另一种说法了。这需要非同一般的天分。但是，如果不具备这种对自己明确的定位，就可能在他所存在的事物中有一种森林居民的力量和诚实。"一些有力的直觉，一些朴实的法则"就将我们的需要满足了。

它们现在占有什么地位，我的意志从未在我的脑海里进行具体描绘。我在拉丁文学校课桌下面偷偷看闲书时所了解到的事实，比正规的学习进程、多年的学术和专业教育提供给我的事实还要强。那些不被我们看作教育的东西，比我们所谓的教育宝贵多了。教育力图对这种自然的吸引力进行阻挠，不过总是徒劳无功，因为这种吸引力一定会挑选属于它的东西。

同样，由于我们的意志的干涉，我们的道德本性被腐蚀了。人们把美德描绘成一场斗争，因为有所成就就表现得不可一世；当称赞一种高尚的天性时，处处都纠缠这样一个问题：是不是跟诱惑做斗争的人就更胜一筹？不过这种事实毫无价值。上帝或者存在，或者不存在。越是性格容易冲动、有主动性，我们就越是喜爱。越是一个人对自己的品德考虑得少、了解得少，我们就越是喜欢他。提摩勒翁的一系列胜利是最好的胜利；普鲁塔克说，它们像荷马史诗一样奔流纵横。我们看到一个行为像玫瑰花一样华贵、优雅、惹人喜爱的灵魂，我们就一定感谢上帝，因为这样的事物竟然真的存在；我们绝对不会对天使翻脸说："科伦普是一个更好的人，因为他嘀嘀咕咕地抵抗他的一切天生的劣根性。"

天性胜过意志，实际生活中这也同样受万众瞩目。历史中的意向其实并不像我们想象的那么多。深远的计划被我们归功于恺撒和拿破仑，而计划的最大威力却不是在他们身上而是在自然之中。取得举世瞩目的成就的人在诚实的时刻总是吟诵着："不要归于我们，不要归于我们。"按照他们那个时代的信仰，他们已经为命运之神或者圣于莲建起了祭坛。他们成功的原因就在于他们跟思想的进程是一致的，因为在他们身上，这种思想进程发现了一个畅通无阻的通道；他们不过是各种奇迹的可见导体，但是奇迹看起来却好像成了他们的功劳。莫非电线产生了电？确实，他们身上具有人们能考虑到的东西比别人身上的更少，就像一根管子的优点是又光又空似的。表面上可能是意志和坚定，事实上却是自愿和自我毁灭。莎士比亚能提出关于莎士比亚的理论吗？一个数学天才能把他的方法的见解传达给别人吗？如果他说了那个秘密，它那夸张的价值就立刻失去了，因为它把直立行走的能力和阳光、生命力连为一体了。

这些观察给了我们这样一种教训：我们的生活也许比我们所创造的更简单、容易；或许这个世界是个比现在更快乐的存在；无须斗争，无须骚动，无须绝望，无须拧手、咬牙；我们的邪恶是我们错误的创造。我们妨碍并伤害了天性的乐观；因为无论我们在什么时间占据了过去这一优势地位，或者现在有了一个更加明智的头脑这样一个优势，我们就能够发现我们其实被包围在自行实施的法则中。

来自外界自然的面貌也带来了同样的教训：我们焦虑

和郁闷也是自然所不愿意的。它讨厌我们欺骗和战争，也同样讨厌我们仁慈或学习。当我们从秘密会议、银行、废奴集会、禁酒大会或超验俱乐部出来，走进田野和森林时，它就对我们说："这么激动啊？我的小先生。"

我们处处遍布机械活动。我们就是要横加干涉，把事物纳入我们自己的轨道，再往后，甚至社会的牺牲和德行都让人呕吐。爱理应造就快乐；但是我们的仁慈却不快乐。我们的全日制学校，我们的教会，我们的慈善机构，都是脖子上套着的枷锁。我们甘于受苦，却也不能令别人快乐。这些做法目的很明确，可就是达不到，但是有一些自然手段能够达到，为什么所有的品德都只用那独有的一种方法做事呢？为什么所有人都要给钱？对我们国家的人来说，这真的是比较困难的，我认为这么做完全不会成功。我们没钱；商人的钱多得是；该让商人出钱。农民可以给粮食；诗人可以诵诗；妇女可以织补；工人可以卖力；儿童可以献花。为什么偏偏把一个全日制学校的沉重负担压到整个基督教世界头上呢？小时候好学好问，长大后成为老师，理应如此；但是，有人提问，就该有人回答。不要强迫年轻人在教堂的席位上，并强迫孩子们违背本意地对他们进行一个小时的提问。

我们眼光能放远一点的话，就会发现事物其实没什么不同；法律、文学、信条、生活方式，似乎都歪曲了真理。我们的社会受到笨重的机器的拖累，这机器就像罗马人修建的穿山越岭的长长的高架水渠一样，水可以上升到水源的高度这一规律的发现，使得它们被代替了。它就是一堵任何人都能翻越的长城。它就是并不像和平那样美好的常备部队。它就是一个被册封、委任过的绝对权威，当人们发现那些问题连市镇会议都能回答时，它就显得十分多余了。

　　我们还是从自然界吸取一个教训吧。自然的工作方式总是打短工。果实熟了，就会落下。摘完果子，叶子就掉了。水的循环纯粹是下落现象。人和动物的行走是一种向前的下落。一切体力劳动和力气活，如撬、劈、挖、划等，都是借助于不断的下落去完成的，地球、月亮、彗星、太阳、星星，永远在下落。

　　宇宙的单纯和一部机器的简单截然不同。谁能看透道德的天性，谁能彻底了解知识如何获得、性格如何形成，谁就是一名学者。自然的单纯是无穷无尽的，不是可以轻易看明白的。最后的分析绝对无法做到。我们判断一个人的智慧是依据他的希望来进行的，这是因为我们知道对自然无休止的感知力是永不衰老的。只有把我们僵硬的名声跟我们流动的意识相比较，我们才能感觉到自然的豪富。在世界上，我们被分成各种类型，被认为既博学又虔诚，其实我们永远是天真的孩子。皮浪的怀疑论如何兴起是人们清楚地看到的。每个人都看到他是那个中心点，对于它，任何事都可以肯定和否定，理由一样的充分。他又老又年轻，又聪明又无知。你说的那些关于六翼天使、铁皮小贩的话他都能听到、感到，永远的智者不会存在，除了在斯多葛派的向壁虚构里。我们读书绘画时支持英雄，反对懦夫和强盗；但一直以来我们就是懦夫和强盗，并且将来还要一直是，不是对那些声名扫地的人而言，而是跟灵魂可能具有的伟大相比而言。

如果稍微思考一下我们身边发生的事，我们就会发现：种种事件被高于我们的意志法则的另一种法则控制着；我们的辛苦的努力毫无必要，也不会有结果；我们只有在从容、简单、主动的行动中，才是强力的，只有心甘情愿地服从，我们才会变得神圣。信与爱——我们忧虑的沉重包袱会被这种信念坚定的爱所解除。兄弟啊，上帝在呢。有一个灵魂，在自然的心中，也在每个人的意志之上，所以我们谁都不可以对宇宙施以虐待。宇宙把它强大的魅力注入自然之中，所以我们听从它的忠告就会兴旺发达，我们尽力伤害它创造的事物时，我们的手要不就粘在身体两侧动不了，要不就打在自己身上。事物的整个进程教会我们信仰。我们只要服从就行了。人人都有个向导，用心去听，正好就能听见那句话。为什么你要费尽心机地去选择自己的地位、职业、搭档、行为方式和娱乐方式呢？你肯定会有这么一种合理的权利，去揭开平衡需要和随意选择的序幕。对你而言，有一种现实，有一个合适的位置和许多恰当的职责。身处力量和智慧的水流的中心，漂流的一切人都会受到它的激励，不用费吹灰之力，你就会被推向真理、正义和满足。于是，持否定态度的人就受到了你的冤枉。于是你就成了世界，成了正义的标尺，成了真与美的标尺。要不是我们的横加干涉坏了大事，那现在人们的工作、社会、文学、艺术、科学、宗教就会繁荣得多。世界一开始就预见到，并且现在心里依然能预感到的天国就会像现在的玫瑰、空气、太阳的作为一样，把自己变成有机体。

我说，不要选择；可这不过是一种比喻，我用它来区别人们通常所谓的"选择"。选择是一种部分行为，手的选择，眼的选择，胃的选择，都不是人完整的选择。但我称为善的选择，是我的气质的选择；我称为天堂的东西，那种我心中不断追求的东西，是适合我气质的环境或状态。而我一生容易做的事情就是为自己的才能而工作。我们必须支持一个通情达理的人选择他的日常事务或职业。要是说他的所作所为都是出于他的行业习惯，这不能算是他的行为的理由。他跟罪恶的行业有什么关系？难道他的品质中就没有一种号召吗？

每个人都有自己的职业。才能就是那号召。有一个方向是对他全面开放的。他的一些才能悄悄地吸引他到那里去做竭尽全力的永无止境的发挥。他就像河上的一条船，要抵抗其他各个方向的阻力，只在一个方向畅通无阻；只有在那个方向，一切障碍都被清除了，于是他一帆风顺地进入加深的航道并最终驶向茫茫大海。这种才能这种号召取决于他的组织，或普遍的灵魂在他身上体现出来的方式。他更喜欢做一些自己做来很容易还能做好但别人做不了的事。没人比得上他。因为越是真实地考虑自己的能力，他的工作与别人的工作就表现得越不相同。他的雄心跟他的能力完全成正比。尖塔的高度取决于塔基的宽度。每个人都受到这种力量的号召去做一些与众不同的事。谁也不会听到其他号召。假装他具有另外一种号召，一种指名道姓的号召，个人选择和外在的"表示他出类拔萃的标志"，这纯粹是盲目的相信，并且将他的迟钝暴露：无法看见每个人都有一个灵魂，无论这人在哪儿。

通过做自己的工作他就感受到了自己能满足的需要，

并创造出受人喜欢的那种趣味。他通过做自己的工作展现了自己。我们的公开言论没有放纵，他的不足之处就在那里。在某个地方，不仅每个演说家，而且每个人都应该放弃一切的控制与约束，应该坦率、发自内心地表达出他的含义所在。一般的经验是：人应该尽力伸自己适合他所从事的那种工作或职业的通常的细节。于是他就成了自己发动的机器的一部分了；人却消失了。直到他能够毫无阻碍地向别人表达自己的观点时，他才能找到自己的职业。他必须在这个职业中为自己的个性找到一个出口，以便在别人的注视下证明自己的工作准确无误。如果劳动是平庸自私的，那么就让他用自己的思想和性格使它变大方吧。无论他知道什么，思考什么，无论在他看来什么事情值得一做，都让他去交流，否则，人们不会正确地了解他，并给他应得的尊敬。一旦你拿出自己所做的事情的平庸与拘谨，而不是将其转变成为你性格与目的畅通的通道，你就蠢到家了。

我们只喜欢长期以来被人们交口称赞的那些行为，而不去想一想人能做到的任何事情都可以做得很神圣。我们认为伟大是在某些机构或场合由某些职责或责任构成的，而看不到帕格尼尼能从一把小提琴中获得莫大的快乐，尤里斯坦从单簧口琴里，一个手指灵巧的小伙子用剪刀从纸片里，兰西尔从一头猪身上，英雄从他藏身的贫贱住所和与他为伍的普通人中，都得到莫大的欢喜。我所谓的卑贱的状况或庸俗的社会，不过是因为它们的诗篇还没有完成而已。但是用不了多久，你就会让人们对它们刮目相看，处处听到它们的大名。我们判断这一问题时先要去吸收一下来自帝王的教训。殷勤的作用、家世的关系、对死的印象，以及数不胜数的其他事情，皇室都做出了自己的判断，而且一个高贵的心灵也能做到这一点。对习惯性的事情做出新判断——这本身就是一种升华。

一个人做什么，他就有什么。他要怎样做才能抵抗希望或恐惧呢？他的力量来自自身。不要让他把利益看作稳固的毫不动摇的，可是，善就在他的天性之中，只要他还有一口气，就一定能从他身上生长出来。或许财产像夏天的树叶一样来去匆匆；让他在每次风来时都把它们撒进风中，作为无限生产力的短暂象征。

他会拥有自己特有的东西。一个人的天才，使他区别于他人的品质，对某种影响的敏感，对适合自己东西的选择，对不适合的东西的排斥，决定了他眼中的宇宙的特点。一个人就是一种方法，一种进步的安排，一项选择原则，使他无论走到哪里都能搜集到与他类似的东西。

他只从环绕在自己四周的五花八门的东西中选择属于自己的东西。他就像从河岸延伸进河中阻挡浮木的水栅，或者像钢屑中的天然磁石。那些他也无法说出原因却一直藏在他的记忆里的事实、话语、人物，依然保留着。对他来说，它们都是价值符号，因为他曾在书中和且他思想的传统形象中寻找适当的词语来形容，结果却一无所获，但它们却能解释其意识的各个部分。什么能吸引我注意，我就会拥有什么，就像谁敲我的门，我就会迎接谁，尽管有成千上万的值得我尊敬的人经过我的门口，但我也不会去理睬他们。对我讲的来说，这些具体事例已经足够了。几件逸事，性格、风度和相貌上的几个特点，一些事件，如果你以普通的标准来衡量，这时你理解的它们的外在意义远远不及你记忆中的意义重要。它们与你的天赋有关。让它们拥有它们的重量，别抛弃它们，寻找文学中更常见的描写和事实吧。你心里认定伟大的东西就伟大。灵魂所重视的总是正确无误的。

在适合自己的本性与天才的所有事物之上，人还有他最高的权利。他在任何地方都可以获得符合自己心灵的任何东西，然而，他却不能拿走任何其他的东西，虽然所有的门都向他敞开；而且人们所有的力量都不能阻止他拿走那么多东西。试图对一个有权利了解秘密的人隐瞒秘密是徒劳的。秘密会自己把自己泄露。一个朋友能够把我们引进去的那种情绪正是他对我们的支配。他有权知道那种心态的思想。他可以强行获得那种心态的一切秘密。这是政治家们实际运用的一条规律。法国大革命引发的种种恐怖，尽管让奥地利胆战心惊，却也不能统治它的外交。所以，拿破仑往维也纳派去了德·纳伯恩先生，他是古老的贵族之家出生的，具有贵族的道德、礼仪和名望。拿破仑说，往欧洲古老的贵族那里派去一个具有相同关系的人是很有必要的，其实这种关系实际上构成了某种组织。德·纳伯恩先生半个月内就看透了帝国内阁的所有秘密。

似乎世界上最容易的事情就是说话并被人理解了。然而，一个人或许会逐步发现最坚固的防卫和最强的舒服就是被人理解——谁接受了一种观点，谁就会慢慢发现那是最不利的束缚。

如果一位老师想隐瞒什么观点，他的学生完全受到了他的启迪，就像受到那些发表过的观点的启迪一样。如果你把水倒进一个扭曲成许多环形和各种棱角的容器里，你说，我要把水只倒进这里或那里，那就跟没说一样——无论在哪儿水都是保持同样高度的。人们感到并接受了你的学说的影响，却不能表明他们是如何按这些影响行事。如果给我们看一个弯曲的弧形，我们只是看到弧形，而一个优秀的数学家却能看到整个图形。我们总是从已知推导未知，因此就有了在古代智者之间存在着的完整的信息交流。一个人的意图一旦被他深藏在自己的著作中，时间以及有类似思想的人就会发现它们。柏拉图有种秘密的学说，是吗？在培根、蒙田、康德的眼前，他能隐藏着秘密吗？因此亚里士多德在谈及自己的作品时说："他们公布了，但也没公布。"

没有人能了解他并不想去了解的东西，不管这东西离他的眼睛有多近。一个化学家可以把自己最宝贵的秘密告诉一个木匠，而木匠却永远不会因此而变聪明一些——这个秘密，就算是化学家给他一座庄园，他也不会讲的。上帝保护我们不被不成熟的思想浸染。他蒙住我们的眼睛，因此我们连眼前的东西都无法看见，直到我们的心灵成熟的那一刻；此时，我们才算真正看见了它们，而我们无法看见它们的那种时刻就好像在梦中一样。

一个人所看见的所有美和价值都不在自然身上，而只在于其自身。世界空无一物，它所有的荣耀都来自这个光彩照人的、高贵的灵魂。"大地在她的怀里填满了壮丽。"并不是她自己的。滕比河的河谷、蒂维利和罗马，都是水土、岩石和天空。多少个地方就有多少个这样的土和水，而且这是多么的朴实自然啊!

人们不会因为太阳、月亮、地平线和树木而变得更好;因为谁都没发现罗马美术馆的管理人员或者画家的仆人在思想上有什么高尚之处,也没发现图书馆的馆员比别人聪明。一个优雅高尚的人的举止自有一种优雅,而在一个乡下人的眼里优雅就全消失了。这些美德就像那些星星,它们的光还没有照射到我们这里呢。

一个人可以看见他自己创造的东西。我们的梦是我们醒着的时候认知的延续。晚上的梦与白天的视觉是成一定比例的。噩梦是白天的罪恶的夸大。我们看见的我们的痼疾就体现在我们丑陋的外表上。在阿尔卑斯山上,旅行者有时看到自己的影子变成了一个巨人,因此他做每个手势都显得可怕极了。"我的孩子们,"一个老人在对被黑暗的门口的一个身影吓坏的孩子们说,"我的孩子们,你们再也看不到比你们自己更坏的东西了。"就像在梦里一样,在同样变化无常的世事中,每个人都看见自己变得巨大无比,但却不知道那就是他自己。与他的恶相比,他看见的善就是他自己的善,恶也是自己的恶,都是一样的。脑子里的每一种品质都在某个熟悉的事物上被放大,心灵中的每种感情也是如此。他就像五点式植树,东南西北中五个点各一个,或是像一首开头字母、中间字母和结尾字母能组成一个词的离合诗。为什么不呢？他依恋一个人，躲避一个人。完全依据他与自己合适不合适而定，其实就等于在他的同伴之中寻找自己。更进一步说，在他的职业、习惯、举止、食物、饮料中寻找自己；最终，他通过他所处的环境中的每一种东西向你忠实地表现了他自己。

一个人可以读到他自己的作品。除了我们自己，我们还能看见、得到什么呢？你曾经观察过一个有城府的人阅读维吉尔的书。是啊，那本书对一千个人来说是一千个样。你双手捧书，认真仔细地读；我发现的东西你永远发现不了。与一本好书相伴就像与一群好朋友相伴一样。把一个卑鄙的小人介绍给一群正人君子完全是不合理的。他和他们不是一路人。每一个团体都在保护自身。朋友是绝对安全的，他并不属于他们其中一员，尽管他与他们共处一室。

与精神法则相抗有用吗？它调节着人的所有人际关系并且精确地衡量着拥有和秉性。格特鲁德倾心于盖伊，盖伊那么气质出众、那么仪态高贵、那么举止优雅！跟她一起生活真是不枉此生，无论为此做什么都值得；天地运动的目的也就是这样了。好吧，格特鲁德拥有了盖伊；可是如果他的全部心思在元老院里、剧场里、弹子房里，而她又没有能让她的丈夫着迷的志向和谈话，那又有什么用呢？

一个人必须有他自己的社会关系。我们不去爱天性以外的任何东西。最奇异的才能，最伟大的功绩，对我们的作用都微乎其微；可是接近或相似的天性——它的胜利轻松悠闲，多么美丽。人们到我们这里来，有的以美著称，有的成就非凡，他们的魅力和才能都值得大肆赞美。他们竭尽全力为这种时刻、这种聚会增光添彩，可结果却并不令人满意。确实，我们没有大声地赞美他们，这么做有点忘恩负义。待事情过后，一个心灵相通的人，一个天性相近的兄弟或姐妹，来到我们中间，那么轻松自如亲密无间，这似乎就是我们血管里的血，我们觉得似乎一个刚走另一个就来顶替他了。我们觉得轻松愉快，自得其乐。在我们的罪恶的生活里，我们认为我们交友必须要顺从社会的习俗、衣着、教养和判断，真是蠢极了。可是，只有在我的前进的道路上相逢的灵魂才能做我的朋友，我和那个灵魂彼此互不拒绝。但是虽然都是作为同一种天体维度的产物，我所有的经验都在以自己的维度重复着。学者忘记了自己，可以模仿老成之人的习惯与装束想要获取美人的回眸一笑，并且对一个轻浮的女子穷追不舍，而她却从未受到宗教感情的熏陶，从不知道一个高贵的女人应该庄重、深奥和美丽。让他伟大，爱就随后而至。社会交际只能靠相互理解形成，有的人选择朋友却依赖别人的眼睛，忽视那种共鸣，这种轻率、愚蠢的做法，必然遭受最大的惩罚。

一个人可以对自己的价值进行评定。有一句格言值得人人接受：人人都有份。占据你的位置，采取你的态度，没人会有意见。世界肯定是公平的。它让每个人自己决定自己的命运，它却故意漠然处之。不管是英雄还是孬种，它都不会对这种事进行丝毫干涉。它一定会接受你衡量自己行为和本质的标准，不管你鬼鬼祟祟、隐姓埋名，还是你看见自己创造的工作能够与日月争辉。

一切教导都是同一种现实。除了身教，人们别无他法。如果他能传达自己的思想，他就可以教人，但却不是言教。他教的是，谁给予；他学的是，谁接受。除非学生提高到了你所处的那种状况或原则，否则就没有教学；先是一种灌输；他就是你，你就是他；然后才有了教学；哪怕运气不好，交际碰壁，他也不会失去那种教益。但是你的建议往往是左耳进，右耳出。我们看到这样的公告：格兰特先生将于七月四日做一次公开演讲，汉德先生将在技工协会做演讲，我们不会去听，因为我们知道这两位先生不会向听众传达自己的真正性格和经历。如果我

85

们有理由满怀信心的期待，我们就要经受种种的阻碍和反对。病人是要用担架抬着的。但是，公开的演讲却是一种胆大妄为，一种含糊其词，一种强词夺理，一种插科打诨，而不是一种交流，不是一种讲话，甚至不是人。

同一个复仇女神主管这一切精神产物。我们必须了解：说出来的事还没有得到证实。它必须自我证明，任何逻辑推理和誓言都不能为其提供证据。每一句说出来的话都应该包含为自己辩解的成分。

任何作品对人的心灵的影响，可以根据其表达的思想的深度精确地测量出来。它吸取了多少水？如果它唤醒你并叫你去思考，如果它用伟大的雄辩让你有所提升，那么对人类心灵的影响就会宽广、缓慢、持久。如果书上的文字无法对你产生启迪，那它很快就会像现在的苍蝇一样死去。想要说出、写出永不过时的东西的方法就是说的真诚、写的真诚。没有力量影响我自己的实践的论点，恐怕也无力影响你们的实践。不过，还是接受西德尼的格言吧："看着你的心，然后再开始写作。"谁为自己写作，谁就是为永恒的大众写作。只有设法满足自己的好奇心时所得到的说法，才有资格向大众公开。如果一个作家的题材都是来自耳朵而不是来自心灵，那他就应该知道他所失去的与他表面上获得的一样多，等那本空无一物的书搜集完了所有的瞻仰之后，有一半人说："多好的诗啊！多好的天才啊！"可是它仍然需要燃料才能燃烧。只有有益的东西才能使人获益。只有生命本身能赋予生命；虽然我们应该尽力表现，但是我们想受重视根本还是要让自己更有价值。文学上的声名没有运气可言。对每一本书做出最后的裁决的不是它刚刚发表时的带有偏见并吵吵闹闹的读者，而是一个由不受贿、不留情、不怕恐吓的天使们组成的法庭以及一个读者大众，来决定一个人有没有资格成名。只有具有永久价值的书才能流传下去。烫金的书边，精致的羊皮纸，摩洛哥皮，给各个图书馆送的赠书，都不会使一本书的流通超过它固有的流通期限。它一定会和华尔普尔的"贵族作家"和桂冠作家一起走向消亡。布莱克默、科策布、波洛克的作品可以持续一个晚上，而摩西和荷马却永垂不朽。在世界上的任何一个时代，能读懂柏拉图的都不超过十个人——甚至不够出版他的书的费用。然而这些著作及时的一代一代流传了下来，仅仅为了那几个能读懂它的人，仿佛是上帝亲手送来的。本特利说："写书的不是他，是书自己。"任何书能否经久不衰，不是由人们是否喜欢来决定的，而是由于它自身特有的价值，或者它们的内容对永恒的人心所表现的内在的重要性来决定的。"不要为你的塑像上的光过于费神，"

米开朗琪罗对年轻的雕刻家说，"公共广场上的光会检测它的价值的。"

同样，每个行为的影响可以从产生这一行为的感情的深度来衡量。伟人并不知道他的伟大。需要一两百年之后那种事实才会出现。他所做的事都是因为非做不可；那是世界上最自然而然的事，那是形势造就的。但是现在，他所做的每一件事，哪怕是动动手、吃饭，似乎都成了大事，与大局相关，并被叫作一种制度。

下面是一些自然大才的演示，他们表明了潮流所向。但是潮流就是血液，每一滴都是有生命的。真理不会是单一的胜利；万物都是它的器官——不仅灰尘和岩石这样，错误和谎言也是如此。医生们说，疾病的法则和健康的法则同样美丽。我们的哲学是肯定的，也乐于接受否定的事实的证言，就像阴影证明了阳光一样。由于一种神圣的必然，每一种来自自然界的事实都要为自己做出证言。

人的性格永远在表现着自己。瞬息万变的言行，做一件事的单纯态度，内心的目的，都在表现着性格。如果你有所行动，就会表现出性格；如果你静坐，如果你睡觉，你也显示了它。你认为，因为你在别人讲话时一言不发，而且对时代、教堂、蓄奴制、婚姻、社会主义、秘密结社、大学、党派、个人你都不发表意见，所以人们还是对你充满好奇，这种好奇被看成你的意见并被当成沉默的智慧。根本不是这么回事；你的沉默其实已经做出了响亮的回答。你没有什么神谕要宣布，你的同事已经知道你对他们毫无作用；因为神谕已经说出来了。智慧怎么不会大叫，聪明怎么不会呼喊？

自然界严格限制虚伪的力量。真理控制着身体上每个不情愿的器官，据说脸从来不撒谎。谁能对表情的变化研究透彻，谁就永远不会受骗。当一个人以实事求是的精神说实话时，他的眼睛像天空一样澄澈。如果他心怀鬼胎，谎话连篇，他的眼睛就是混沌的，有时甚至不敢正眼看人。

我曾听一位经验丰富的律师说，他从来不害怕一个内心不相信自己的当事人应当得到律师对陪审团施加的任何影响。如果他不相信，他的不相信就会流露给陪审团，就算他百般辩解，他的不相信最终还是会变成他们的不相信。这正是一件艺术品所遵循的规则：一件艺术品，无论是何种类，都使我们身处艺术家创作这件艺术品时相同的心态中。我们不相信的东西，我们就说得不够充分，尽管我们可以重复再重复地说那句话。这正是斯维登堡所表达的那种信念，他描述灵界里的一些人千方百计地想要明确表达他们不相信的主张，但是，尽管他们磨破嘴皮，肝火大动，他们就是表达不清。

　　一个人有什么样的价值就被人看成什么样的人。一心想知道别人的评价，这种好奇是很无聊的，一直对自己不为人知怀有恐惧，这也是毫无意义的。如果一个人知道他无所不能——并且全都比别人做得好——他就有了别人承认这一事实的保证。世界上充满了上帝的最后的审判日，一个人走进每一个机会，试图参加每一次行动，都要被评价，被贴上标签。在每个院子、每个广场上跑着跳着的孩子中间，新加入的孩子在前几天之中必须要经过准确衡量，贴上适合他的标签，好像对他进行了一次力量、速度和脾气的正式测验似的。一个从很远的学校来的新生，穿着讲究，口袋里装满新鲜玩意儿，显得神气十足，自以为是。一个原来的孩子在心里说："这都没用，明天我们就会把他看透。""他做过什么？"这是一个神圣问题，它让人伤透脑筋并能戳穿各种虚名。一个纨绔子弟可以坐在世界上任何一把椅子上，短期内他跟荷马、华盛顿区别不大；然而对于人民各自的能力完全不必怀疑。自负可以稳稳地坐着，但却不能行动。自负也从来不能依靠假装做出真正伟大的行动。自负从来没有写出一部《伊利亚特》，也赶不走薛西斯一世，也不能把基督教传播到全世界，也没有废除奴隶制。

有多少德，就会显示多少德；有多少善，就会显示多少善。所有恶魔都害怕美德。高尚、慷慨、牺牲的宗派会永远指导着人类。任何一个真诚的词汇都不会被人忘记。高尚一落地，没想到就有一颗心来迎接它。一个人有什么样的价值，别人就去怎么看待它。他的本质都被光辉的字母刻在他的脸上、身上和遭遇上。隐瞒对他毫无作用；吹嘘也是如此。在我们的眼睛的观察下；在我们的笑容、致敬、握手之中，就有坦白。一个人被他的罪孽污染了，他的良好形象也被损害了。人们不知道自己不信任他的理由，但是就是不信任他。他的目光因为罪恶而呆滞，他的脸也因此刻上卑劣的皱纹，揑他的鼻子，在他后脑勺烙上兽性的印痕，在国王的前额写上：啊！傻瓜！傻瓜！

若要人不知，除非己莫为。一个人可以在沙漠中流动的沙丘上做蠢事，但是每一粒沙子都会看得清清楚楚。他可以离开群体，但是他隐藏不了他愚蠢的意图。沮丧的脸、卑鄙的神色、自私的行为，缺乏应有的知识——所有的这些都泄露秘密。难道一个厨师，一个希弗尼士，一个伊亚士默，被错当成芝诺或保罗？孔子叹曰："人焉廋哉！人焉廋哉！"

另一方面，英雄并不怕这一点：如果他不去公开一次正义和勇敢的行动，他就不会被人知晓，也不会受人喜爱。人们会知道这一行动的——包括他自己——他会使人保证和平的甜美和目标的高贵，而这些最终会证明他的宣言比叙述事情的经过要好。品德就是在行动中坚持事物的本质，事物的本质又让品德广为流传。品德就是不断地用"是"代替"好像"，上帝也被十分得体地描绘成在说："我是。"

这些观点所表达的教训就是"是"而不是"好像"。让我们默认吧。让我们把我们得意忘形的虚无从神圣巡回的道路上赶走吧。让我们往来我们的处世格言吧。让我们服从上帝的指挥，懂得只有真理才能造就丰富和伟大。

如果你去拜访朋友，为什么还要因为以前从未拜访而道歉呢？为什么还要道歉浪费他的时间并贬低你的行为呢？这就去拜访他吧。让他感受到至高无上的爱前来看望他，你身上就有爱的最低微的器官。你何必暗暗谴责自己在这之前没有帮助过他，没有送过礼，没有问候过，从而折磨自己和朋友呢？就做一件礼物和一个祝福吧。发出真正的光，而不是借礼物反射的光。庸人只会来回道歉；他们点头哈腰，啰啰唆唆地找各种理由为自己辩解，专做表面文章，因为他们没有实质。

我们充满着对这种感觉的迷信，对数量的崇拜。我们说人不活跃，因为他不是总统、商人或者搬运工。我们崇拜一种制度，却没看到它实际上就建立在我们所拥有的思想之上。然而真正的思想存在于寂静的时刻。我们生活中有价值的时间并不存在于我们选择自己的工作、结婚、就职等看得见的事实中，而是存在于我们在路边散步时静静的思考，存在于修正我们整个生活方式，并且说"你已经这样做了，但这样更好"的一种思想里。我们的余生就像仆人一样为这种思想服务，并且根据它们的能力的大小，贯彻它们的意志。这种修正是一种永恒的力量，作为一种倾向，它贯穿我们一生。人的目的，这些时刻的目标，就是让阳光射穿它，让规律毫无阻碍地穿越他的整个身体，这样，无论你的眼睛落在行为的哪一点上，它都要如实地向你报告他的性格，不管这一点是他的饮食，他的住宅，他的宗教仪式，他的社交，他的欢乐，他的选举，还是他的反抗。现在的他不是单一的，而是复杂的，所以光线无法穿透；没有让光穿过的孔洞。可是，观察者的眼睛感到迷惑，因为发现了很多不一样的倾向，以及一种还没有统一的生活。

为什么我们应该用我们虚伪的谦虚故意使生活轻视我们的人格以及分配给我们的存在形式呢？好人应该心满意足。我爱戴伊巴米农达，不过我不想成为伊巴米农达。我认为爱这个时代的世界比爱他那个时代的世界要更合理。如果我说得对，就算你说"他有过行动，而你却一动不动。"这样的话，我也不会感到惶恐不安。我认为必要的时候，行动是好的，一动不动也是好的。伊巴米农达如果正好是我认为的那种人，如果他的命运就是我的命运，那么他就会怡然自得地一动不动地坐着。天堂无限大，为所有的爱和坚韧提供了广阔的空间。为什么我们要多管闲事，过分殷勤呢? 行动不行动同样是真实的。从树上砍下一块木头做风向标，另一块被砍下来做桥梁的枕木；树的作用在这两方面都是显而易见的。

我不想玷污灵魂。我在这里这一事实本身就是明确向我表示灵魂需要在这里有一个器官。难道我就不该占据这个地位? 难道我就应该无缘无故地道歉、扭捏、躲闪，认为自己在这里是不合适的吗? 难道比伊巴米农达或荷马在那里还要不适合吗? 难道灵魂不了解自己需要什么? 何况，如果在这件事情上不做任何推测，我也就满意了。善良的灵魂哺育了我，每天为我打开力量和欢乐的新仓库。我不会不知好歹地拒绝伟大的善，因为它已经化为别的形式光顾过其他人了。

何况，我们为什么要被行动的名义吓趴下呢? 那只是感官的一个阴谋，仅此而已。我们知道每个行动的原型都是一种思想。贫乏的灵魂觉得自己什么都不是，除非他有了一种外在的标志——某种印度教徒的饮食，或者贵格会的衣服，或者加尔文派的祈祷仪式，或者慈善组织，或者一大笔捐赠，或者高级官位，不管怎样，还包括对比鲜明的某种放肆行动，或多或少对此做些证明。丰富的心灵躺在阳光下睡大觉，它就是大自然。思想就是行动。

如果我们必须要采取伟大的行动，那么先让我们自己的行动伟大起来吧。所有行动都有一种无限的灵活性，直到他让日月都变得暗淡无光时，它才稍稍承认自己是充满了天空的空气。让我们用一种忠诚来寻求一种平和吧。让我们关注自己的职责吧。在我向自己的恩人证明自己有理之前，为什么我要去游览希腊和意大利历史上的景象和哲学呢？在我还没有给自己的朋友回信，我怎么敢去评论华盛顿的战役呢？难道那不是公正地在反对很多我们的阅读吗？盯着我们的邻居就等于胆怯地放弃了我们的工作。那是偷窥。拜伦是这样说杰克·邦廷的："他不知道说什么好，于是他就发誓。"我们不妨用这句话来形容我们在使用书籍时的荒谬——他不知道做什么好，于是就读书。我想不出什么办法消磨时光，于是就找出那本《布兰特传》，它是对布兰特，或者对斯凯勒将军的过分赞美。我们的时间应该像他们的时间一样美好——我的事实，我的关系网，也跟他们一样好，或者像其中任何一个一样好。这意味着让我搞好自己的工作，至于其他无所事事的人，如果他们愿意选择这种生活方式，就可能把我和他们的本质进行对比，并发现我的本质是这其中最好的。

对保罗和伯里克利的可能性的过高评价，对我们自己的可能性的过低评价，都是因为忽略性质相同这一事实造成的。拿破仑只知道一种功劳，他用同一种方式奖励优秀的战士，优秀的天文学家，优秀的诗人，优秀的演员。诗人用了恺撒、帖木儿、邦杜加、贝利萨留的名义；画家用了圣母马利亚、保罗、彼得的传统故事，但他并不敬重这些偶然之人，也不敬重这些普通英雄的天性。如果诗人写了一部真正的戏剧，那他就是恺撒而不是恺撒的扮演者了；那么同样一种思想，同样纯洁的感情，同样灵敏的智慧，同样迅速、昂扬、嚣张的动作，同样伟大、自信、无畏的心，就能把世界上一切被认为坚固、珍贵的东西——宫殿、花园、金钱、舰队、王国——全部托浮起来，它以对人们的这些浮华所表现出来的蔑视来表明自己那无与伦比的价值——诸如此类都是他的，靠他的力量，他唤醒了所有的国家。让人信仰上帝吧，而不要相信名义、地点和人物。伟大的灵魂化身为一个女人出现，她穷困、忧伤、形单影只，她或者是道丽或者是琼，她做着仆人的工作，打扫房子，擦地板。但是她的灿烂光辉是无法被掩盖的，打扫庭院和擦地板会立刻成为至高无上和最美丽的行动，是人类生活最高贵和灿烂的工作。所以人人都会得到一把拖把和扫帚；直到最后，看哪！突然之间，伟大的灵魂以另外一种形象出现，做出一种别的功绩使自己变得神圣。它现在成了一切有生命的自然的精华和首脑。

我们是光度计，我们是计量微量元素的积累程度的敏感的金叶和锡箔。真正的火的真正效果我们是通过它的成千上万的假象看到的。

谨 慎

　　我有权利去论述我本来就很少，而且很消极的谨慎吗？我的谨慎表现为逃避和得过且过，而不是发明各种方法和形式，不是巧妙地指引，不是耐心地修补。我不会合理花钱的本事，也没有经济上的天赋，看到过我的花园的人都认为我必须再有一个花园。但是，我酷爱事实，憎恨圆滑和一窍不通的人。照此看来，和我论述诗歌和神圣一样，我是有资格论述谨慎的。我们写作不只是依靠经历，还要靠灵感和对抗。我们描绘那些我们并不具备的品质。诗人赞扬精力充沛、智慧非凡的人，商人栽培儿子去做牧师或律师，在一个没有虚荣和自私的地方，你将会根据他所受到的赞赏发现他缺少哪些东西。何况，如果我不去把"爱"和友谊这些动听的词与那些粗鲁俗气的词做个平衡，再加上我实在受到感官的恩惠很久了，要是再不承认这一点，就没法说我是个诚实的人了。

　　谨慎是感觉中的长处。它是外在的科学。它是内心生活的外在表现。它是把思想看作公平的上帝。它依照事物的规则推动事物。它愿意依据身体条件寻求身体健康，依据智力规则寻求心理健康。

感官世界是一个向外展示的世界；它的存在并不是为了自己，而是因为具有某种象征意义；真正的谨慎或展示法则是认可其他法则的共存的，而且知道它是卜属的职务；知道表面才是他的工作的地方，中心则不是。只要一被孤立，谨慎就成了虚假的。它变成实体化的灵魂的"自然史"，或者在感觉的小空间里展现出法则的美丽，只有这种时候他才具有合理性。

对世界知识的掌握是分为各个等级的。对于这个话题来说，指出三个等级就完全够用了。 种人活着就是为了起个象征的作用；把健康和财富奉为最终的利益。另一种人的目标比前一种人要高，他们活着是为了象征的美；诗人、艺术家、生物学家和科学家都隶属其中。第三种人的志趣又高于第二种，活着是为了所表示的事物的美；这种人是聪明的人。第一种人有常识，第二种人有情趣，第三种人有领悟能力。很久以来，一旦有人跨过了整个等级，看到并随意欣赏那种象征；之后，他就具备审视象征的美的非凡能力；最后，他把帐篷搭在这个神圣的火山岛上时，却对在这上面修建房屋和粮仓加以拒绝，因为他看见了从每个裂缝里透发出来的上帝的光辉并甚为尊敬。

　　世界上充满卑鄙低劣的谨慎的格言、行为和眼神，这种谨慎对物质极为热衷，就好像人们除了味觉、嗅觉、触觉、听觉和视觉之外，毫无其他官能似的；这种谨慎对比例的运算规则非常推崇，不捐助，不赠予，少借贷，对任何事业也只问一个问题——它烤面包吗？这是病，就像皮肤逐渐的变厚，所有充满活力的器官一个个地被损坏。可是，由于文化揭示了表面世界的远古的起源，为了达到人的完善这个目的，其他的一切都被当作健康和肉体生命而贬低为手段。它没把谨慎看作一种独立的能力，而是看成与肉体及其需要进行交谈的智慧和美德的一种名声。有教养的人从来都是这么感觉、这么说话，就像具有能够证明精神力量的价值的一大笔钱、一种民间或社会举措的成就、一个大人物的影响、一次优美而庄严的演讲似的。如果一个人失去自身的平衡，因为自身原因身陷任何事业或享乐，那他可以作为一个好的齿轮或螺丝钉存在，而不会成为一个有教养的人。

　　伪装的谨慎，由于认为感官起决定作用，因此不过是酒鬼和孬种的神灵罢了，只不过是作为一切喜剧的笑料题材罢了。它是大自然的笑料，所以也是文学的笑料。因为真正的谨慎是承认一个真实的世界的，所以就对这种感官至上论有所限制。一旦这种承认做了出来——对于世界的秩序、事物与境况的分布由于用它们的从属地位的共同知觉来研究，不同程度的注意力就会因此得到好的报答。由于我们的存在，很显然，在自然界依附于太阳、反复圆缺的月亮和它们所代表的季节——实在太容易受到气候和地区的影响了，对社会的善恶也是非常敏感，对辉煌壮丽还非常喜爱，对饥饿贫寒、负债累累非常担心——于是他从书本里学会了所有的基本教训。

谨慎并不去对自然寻根究底。它只是据实接受世界的种种规则，因为它们制约着人的存在，并且人们要遵循这些规则，因为它可以享受它们固有的利益。它尊重空间、时间、气候、需求、睡眠、极性法则、生长、死亡。太阳和月亮，这两个在天上紧守规矩的在那里旋转，用范围和周期在各个方面赋予人的存在：这里就是顽固的物质，不会跟它的化学程序相违背。这就是一个人类居住的星球，受到自然规则的主宰、约束，在外部又受到种种新的约束，即强加到新居民身上的人间的种种牢笼以及对财产的限制和瓜分。

我们以土地里的粮食为食。我们靠周围流动的空气呼吸，我们也因为空气太冷或太热，太湿或太干而受伤害。刚来的时候，那种看起来空荡虚幻、连为一体、神圣无比的时间，此刻却被撕碎了，折腾掉了。门要刷漆，锁要修理。我们需要木材、麦片、油、盐；房子冒烟，或者我头疼了；然后要交税；有事要跟没心没肺、脑子缺弦的人交涉；回忆流言蜚语或者难堪的话让自己痛心——时间都被这些东西吞噬了。去做点我们能办到的事吧，夏天肯定会有苍蝇，在林间行走免不了受蚊虫叮咬；去钓鱼就要做好衣服被溅湿的思想准备。所以，对于游手好闲的人来说，气候是个拦路虎；我们经常下决心不再为天气费心，但是我们终究要关心天气。

　　这种吞噬一时一刻一月一年的鸡毛蒜皮的经历指引着我们。北温带的居民每年要经受四个月的冰天雪地，这使得他们比热带地区那些一年四季享受温暖的同类要聪明能干。岛上的人可以随心所欲地到处游玩。天一黑，他就可以随便弄个垫子在月光下睡觉，只要有椰子树的地方，他不必对大自然做哪怕一句祷告，大自然就给他准备好了早餐。北方人无可奈何地要困守在家里。他不得不依靠酿制、烧烤、腌制，并要把食物贮藏起来，还要把柴火和煤炭堆积起来。但是，凑巧的是：就算是举手之劳也会跟大自然心有灵犀；而且，由于大自然能力无限，这种气候下的居民已经远远地超过南方人了。这一类事情具有极大的价值，以至于了解其他事情的人物对这一类事情根本了解不了多少。让他拥有精确的知觉吧。他要是有手，

就让他劳动；他要是有眼，就让他测量辨别；让他接受并
贮存下来化学、自然史和经济学的每一件事实；他越是
拥有的多，他就越是不想花费。时间总会带来一些机会
去揭示他们的价值。某些智慧的来源是每一种自然而单
纯的行动。爱好做家务的人与其喜欢音乐不如去喜欢厨
房里的那只钟，不如喜欢木头燃烧在壁炉里时对他唱的
歌，别人做梦都想不到他有多快乐。为达到某种胜利而
采取的各种手段保证了胜利和胜利之歌，在农场里和店
铺里的表现并不比在政党或战争的策略中表现得差。在
小棚子里捆柴火，在地窖里藏水果时，节俭的小管家发
现了一种方法，这方法跟伊比利亚半岛战役和国务院档案
中发现的方法同样有效。在下雨天，他制造一个工作台，
或者把他的装着钉子、手钻、钳子、改锥和凿子的工具箱
放在粮仓的角落里。他在这里尝到了一种过去的青年时期
或者儿时的快乐，尝到了猫对阁楼、橱柜、粮仓那种同
样的喜爱，尝到了对长期持家的种种方便之处的隐秘的
喜爱。他会从花园或鸡舍鸭圈得知很多有趣的事。在这
个美好世界的每个角落，都存在这种欢乐的蜜糖的汩汩
流动，人们从中可以发现为什么乐观主义值得赞同。无论
什么规则，让一个人去遵守吧，他一定会畅通无阻。在我
们的欢乐里，质的区别要远远大于量的区别。

　　另一方面，任何忽视谨慎的做法都会受到大自然的惩罚。如果你觉得感官处于决定地位，那么你就服从他们的规则吧。如果你信任灵魂，当可以让感官满足的甜蜜在缓慢的因果的树上还没成熟时，就不要去抓它。与知觉不准确、不完善的人交往，就跟往眼睛里滴醋似的。据记载：约翰逊博士曾经这样说过："如果那个孩子说他从这个窗户往外看，假如他是从那个窗户往外看的，我就用鞭子抽他。"我们的美国特点表现为对准确的知觉的非同一般的喜欢，"不错"这句非常流行的话可以证明这一点。对于不遵守时间、对于事实毫无思绪、对于明天漠不关心表现出一种惶恐，但是这种惶恐并不是全国性的。一旦我们拙劣地把时空的美好规则弄错位，那它就成了一个窟窿。如果蜂房被鲁莽、蠢笨的手捅上一下，那它带给我们的就不是蜂蜜，而是蜜蜂了。我们的言行要想合理，就必须与现实相一致。在六月的清晨，磨镰刀的声音是一种好听的声音；但是，如果时间晚到翻晒干草的季节，那还会有比磨镰刀或者割草机的声音更凄惨的吗？性情懒散的人和游手好闲不务正业的人糟践的远远不止他们自己的事，因为他们把与他们打交道的人的性情也都损害了。我看到过一句批评，是针对某些绘画的，当我看见那些不忠实于自己的感官的混日子的、闷闷不乐的人时，我就想起了那句评语。最后一代魏玛大公是一个理解能力超强的人，他说："有时候我看着一些伟大的艺术品说，尤其刚刚在德累斯顿说，有一种特性在很大程度上取得了这样一种效果，它把画像画得栩栩如生，又把一种不可抗拒的真赋予生命。这种效果就是我们击中我们画的所有画像的重心。我的意思是，让那些人物稳稳地站着，手紧紧地攥着，眼死死地盯着该看的地方。即使是没有生命的器皿和凳子之类的画像——也要把它画得一丝不苟——一旦它们不能依赖重心，所有效果就都没了，而且会产生一种不稳定的样子。在德累斯顿美术馆里的拉斐尔（我见到的唯一的效果惊人的画）是你能想象到的最安宁、最从容的作品；一对向圣母、圣子膜拜的圣徒。但是，十个钉到十字架上的殉道者的歪曲形象也不如它所带给人的印象深刻。因为，除了那无法抗拒的形象美之外，它还最大程度地具有了所有人物都垂直这一特性。"在人生的画面上，我们需要的正是这种一切人的垂直。让他们踏踏实实地站着。不要浮动和摇晃。让我知道能在哪儿找到他们。让他们能够把记忆中的东西和梦想中的东西分清，要名副其实、实实在在地用信赖去尊重他们自己的感官。

但是，谁敢指责别人不谨慎？谁又算得上谨慎呢？我们所认为的最伟大的人物，在这个王国里是最渺小的。我们跟自然界的关系存在一种致命的脱节，我们的生活方式因此被扭曲，每一种法则因此与我们为敌，如此一来，似乎世界上所有的智慧和品德都被它唤醒而去思考"改革"这个问题。我们必须向最高的谨慎请教，去问它为什么健康、美和才能现在应该是人性的例外，却不是人性常规呢？因为都认为一致，所以动植物的各种特点和大自然的种种规则我们都不知道。但是，这依旧是诗人的梦想。诗歌和谨慎本来就应该是一致的。诗人应该是制定规则的人；就是说，最放肆的抒情的灵感不应该去责骂侮辱，而是应该去宣布民法典和日常工作。不过，现在这两种东西好像势不两立，各奔东西了。我们违背了一个又一个的规则，最后，我们站在废墟里，偶然看见了理性和现象之间的一种巧合时，我们却大为惊诧。美应该像感情一样永远是每个男女的天赋；可是实际上却很少见到。健康或者健全的身体应该普遍存在。天才应该是天才的孩子，每个孩子都应该充满灵感；可是现在从哪个孩子身上都预见不到它，它在哪儿都不纯粹。礼貌因素，我们称呼不太平庸的庸才为天才，把以身换钱的才能叫作天才；把为了在明天能好吃好喝而在今天闪耀的才能叫作天才；指挥社会的是能手（这个词真恰当）而不是圣手。这些人是用才华去优化奢侈，而不是将之废除。天才永远都是苦行的人，虔诚和爱同样如此。欲望对于更优秀的灵魂来说就像是疾病一样，不过，在压制欲望的仪式和境界里，美被他们发现了。

我找到了一种用来掩饰我们淫欲的美名，不过才华可不会引起酗酒。有才华的人喜欢把它们违反感官规则的事叫作小事一桩，认为这种事放进献身艺术的角度去考虑就根本不值一提了。他的艺术从来没有教他淫荡和酗酒，也从来没有教他妄想不劳而获。由于他的神性缩减了，他的艺术就因此而衰微，由于他的常识的缺陷，他的艺术也变得逊色。他蔑视这个世界，这个被蔑视的世界就要报复他。谁看不起琐碎的小事，谁就会一点一滴地慢慢消亡。歌德的塔索非常可能成为一幅绝妙的历史画像，并且是真正的悲剧。我觉得安东尼奥和塔索互相冤枉比一个暴虐的理查三世迫害、屠杀十几个无辜的人还要真正令人悲哀，因为表面上他们俩都是对的。一个依照处事规则生活，并且从未改变，另一个洋溢着所有圣洁的感情，又紧紧抓住种种感官快乐，但不成为规则的奴隶。那是一种我们能够感受到的悲哀，一个无法释怀的纠结。塔索的例子在现在传记里并不罕见。一个天才，一个充满激情的人，无视自然规则，放纵自己，很快就变得不识时务、牢骚满腹，变成一个"别扭的远亲"，对人对己都成了烫手的山芋。

我们因为学者过双重生活而蒙受耻辱。高于谨慎的某种东西活跃时，他受人景仰；在常识性的东西成为必要时，他就变成了累赘。昨天，恺撒并不是非常伟大；今天，上绞刑架的犯人也不是更加可怜。昨天，一种理想世界的光正在闪耀，他在这个世界中，是众人中的佼佼者；如今，贫困潦倒，那就只有独自忍受。他就像旅行者们所描述的那些常去伊斯坦布尔集市的可怜虫们，成天游来荡去，面黄肌瘦，衣不蔽体，偷偷摸摸；趁晚上集市还没有关闭的时候跑到大烟铺去抽上几口，就变成安宁、荣耀的先知了。谁都见过不谨慎的天才的悲剧，他多年中与琐碎的拮据苦苦缠斗，最终还是穷困潦倒，灰心绝望，精力用尽，一事无成，就像被针扎死的巨人一样。

一个人应该把这种最初的痛苦和屈辱——大自然无情给予的——作为这样的暗示来接受：他除了自己劳动所得和牺牲所换取的正当果实之外，绝不指望其他好处，这么做不是更好吗？健康、面包、天气、地位，各有其重要性，他对它们一视同仁。让他把大自然看作一名终身顾问，用他的完美作为测量我们偏差的精确尺度。让他把黑夜看成黑夜，白天看成白天。让他控制他的消费习惯。让他懂得在个人经济和一个国家上所用的智慧是一样多的，从中获取的智慧也一样多。世界的规则就在给他的每一元钱上写着。即使他是"穷查理"的智慧；或者"亩进尺出"的州街的谨慎；或者农民偶尔种上一棵树，好在他睡觉的时候生长这样的节俭；或者表现为少挥动点工具、少花费点时间、少用点库存、少用点收获那样的谨慎，他知道了也对他没什么害处。谨慎永远不会闭上眼睛。铁放在五金店里，就会生锈；啤酒在不合适的环境酿造，就会变酸；船上的木头，不会烂在海上，但是如果放在又高又干的地方，它就会收缩、变形、干裂；钱在我们手上存着，绝不会产生纯粹的利润，还很容易丢失；如果去投资，就可能很容易的造成某个股票的下跌。铁匠说，铁越打就越好；晒干草地人说，让草耙尽量接近镰刀，让马车尽量接近草耙。我们北方人的这种做买卖的谨慎闻名于世。买进卖出赚钱——好钱、坏钱、干净钱、赃钱——并让自己得以保全，就是依靠他倒钱的速度。铁不生锈，啤酒不变酸，木头不腐烂，印花布不过时，股票不下跌，就是因为北方人会把它们尽快出手。从薄冰上滑过，能不能安全，完全取决于我们的速度。

让一个人学会更高档的谨慎。让他知道，自然界的万事万物，即使是灰尘和羽毛，它的运动也是靠规则而不是靠运气；让他知道种花得花，种柳得柳的道理。凭借勤奋和自我约束，让他的面包掌握在自己手里，如此一来，他跟别人的关系就不会被他弄僵、弄假；因为自由是财富最大的好处。先让他搞点这样的小恩惠吧。多少人生在等待中失去了! 这让他的同类不必等待他。会话中的承诺有那么多的废话和空话! 让他的谈话全都跟命运紧密相连。当他看见一张折好、封好的纸片放在一条松木船里环游世界，在熙熙攘攘的人群中，它居然能安全地被一个应该读到这些内容的人所看见时，让他同样感受到这种告诫：要超越所有的分散力量，使他的存在保持完整，要在对他们任意控制他们的狂风骤雨以及各种距离和事变中保持一句微弱的话语，而且要通过一直的坚持，使一个人的微弱力量在多年以后的远方再现，践行他的诺言。

我们绝不可以把目光只停留在一种品德上，就企图写出它的规则。人性不是矛盾的，而是对称的。不能由一帮人研究保证外在安宁的谨慎，而由另一帮人研究英雄主义和圣洁性，因为他们本就是和谐一致的。谨慎和目前的时间、人、财产和存在形式息息相关。但是，因为每个事实都把根扎进灵魂里，而且一旦改变灵魂，事实就随之消失，或者随之变成其他东西，所以，如何妥善管理外部事物，就将永远依赖对他们的原因的正确解释，换句话说，善良人必然是聪明人，必然是忠诚的、有远见的人。每一种对真理的违背不仅是对说谎者来说等于自杀，而且也等于捅了健康的人类社会一刀。对于最可以谋取利益的谎话，事物的进程会立刻对它施加一种毁灭性的压力；而坦率则互相吸引，置双方于一种方便的立足点，变他们的商务为一种友谊。予人以信任，人就对你坦诚；高尚对人，人就会表现得高尚，不过他们对自己的所有贸易法规都对你做出了一种有利的例外。

所以，对于烦心和难办的事，谨慎并不代表着回避或者逃跑，而是代表着勇气。凡是想在人生大道上自由行走的人，就必须鼓足勇气做出决定。让他面对他最害怕的事情，他的恐惧就会在他的坚定面前无所遁形。有句拉丁谚语说得很好："战场之上，眼睛最先被打败。"如果你能镇定自若，一场战争不见得比一场击剑或者足球比赛更能对你的生命造成威胁。士兵们这样举例：谁看见了那瞄准的大炮和射出的炮火，谁就已经逃出了大炮的射击范围。害怕暴风雨的人大多是在客厅和船舱里的人。贩牲畜的、水手，天天跟他战斗，他们的脉搏在雨雪之中、烈日之下都一样强劲有力，随着脉搏强劲的跳动，他们的健康就会自己恢复。

一旦烦心事在邻居中发生，恐惧就会占据心头，并且夸大对方的威力；但是，恐惧却是一名糟糕的顾问。每

个人都色厉内荏。他自己软弱，别人看来却凶狠。你害怕
"狰狞"，"狰狞"也害怕你。你渴望最卑鄙的人表现善意，
却对他的恶意忐忑不安。但是，破坏你和你邻居的安宁
的亡命之徒，如果你对他的要求置之不理，他也就软弱、
胆小得无以复加；社会之所以能常常的维持安宁，就跟孩
子们说的似的，因为一个害怕，另一个不敢。从远处看，
人们威风凛凛，嚣张跋扈，不可一世；如果一跟他们交手，
他们就都成了孬种。

俗话说，"礼貌不花钱"。不过，算计也许对爱的好
处有所看重。据说爱是盲目的；但是仁慈于知觉而言非常
必要；爱不是一块头巾，而是一滴眼药水，如果你遇到一
个宗派主义分子，或者一个反对党人，对那分界线千万
不要承认；而是在唯一的共同点上接触——只要太阳还照
在双方头上，雨还在为双方而下；那块地方很快就会扩
大，那些目光死死盯着的分界线在不知不觉之中已经化
为云烟了。如果他们有反抗的意图，那么保罗都能撒谎，
圣约翰都会恨人了。那些纯洁优秀的人将在一场宗教辩
论的影响下变成多么下流、可怜、卑微、虚伪的人啊！他
们将会含糊其词，自以为是，东拉西扯，躲躲藏藏，假
装再次忏悔，其实是为了在这里耀武扬威，另一方在思
想上都没有取得任何充实，没有在思想上增进丝毫的勇

敢、谦虚或者希望。所以你们双方都不应该去跟同时代的人虚与委蛇。虽然你跟对方的观点相仿，但是还要装出一副英雄所见略同的样子，假如你说到大家的心坎里去了，并且在爱和机智的激流中把你的反对意见滚成坚固的圆柱，不露出丝毫怀疑的破绽。这样，你至少能够被充分地解脱出来。灵魂的习惯性动作远远胜过蓄谋已久的动作，所以，你永远不能在争论中发挥自己全部的能力。思想得不到正确的把握，也不能把自己表现得比例适当、方向正确，只是做了一种被迫的、沙哑的、不彻底的证明。但是，如果假装赞成，从此之后，他立即就会被真正承认，而且，尽管表面上人们各不相同，但是所有人在内心里都是一心一意的。

智慧不允许我们跟任何一个或一群人保持不友好的关系。我们拒绝对别人表示同情和亲切，好像我们是在等待更好的同情和亲切的到来。然而从哪儿来，什么时候来？明天还是要和今天一样的。我们为生活做准备，而生命正在流逝。我们的朋友和同事逐个死去，与我们永别。我们很难去说，我们看到了新的男女正在向我们走来。我们老得都不再去关心时尚了，也不再指望任何更伟大强力的人物的赞助。让我们吸吮我们眼前的爱恋和习惯性的甜蜜。这些旧鞋穿起来很舒服。很明显，我们可以轻松地给我们的同伴挑毛病，可以轻松地把名字念得更高贵，这更让人异想天开。每个人的想象都有它自己的朋友；有了那种朋友，生命就显出更高的价值。然而，你如果和它们相处得不融洽，你就不能拥有这些朋友。如果是我们的野心而非上帝在开创、形成这种新的关系，他们的品德就会溜之大吉，就像草莓在花园里会丧失它的香味似的。

如此一来，真诚、坦率、勇气、爱、谦虚和所有的品德在谨慎的一边排列，或者都是保护一种当前的幸福的艺术。我不知道，是不是会最终发现所有的物质的构成材料都是氢或氧那样的元素，可是制成这种礼仪和行为的世界是另一种材料，在我们愿意的地方开始，我们相信不久之后，我们就会念起我们的十诚。

艺 术

　　由于灵魂是前进的，所以它一向不怎么自我重复，而是力图在每个行为中都推出一种新的更加美好的整体。在实用作品和美术作品中都多少表现了这一点，如果我们按照它的目的——或者实用或者美——所做的通常意义上的分类的话。所以，我们的美术的目的不是模仿，而是创造。在风景画里，画家应该提示一种超越我们了解的更美好的创造。他应该删去大自然的枝节和平凡，只给我们留下精神和壮丽。他应该知道，风景画对他的眼睛具有美，因为它表现了一种对他有益的思想，由于同一种能力通过他的眼睛在观察，所以这一点在那种景象中就被看出来了；他不会去重视自然而是要重视这种对自然的表现，所以他临摹中的使他满意的那些特征便被他拔高了。阴郁中的阴郁，阳光中的阳光，将被他表现出来。他必须在一幅肖像画中表现出性格，而不是五官，并且原原本本坐在他面前的那个人，他必须仅仅看成内在的、有抱负的原型的一幅不完美的画或肖像。

除去本身是创作冲动之外，那种我们在一切精神活动中所观察到的删节和选择又是什么呢？因为他放进了一种更高的启发——教人用比较简单的象征传达一种较大的意义。一个人除了是大自然自述中的一种更好的成功之外，还是什么呢？一个人除了是比地平线上的形象更美好、更紧凑的一幅风景——大自然的折中主义——又是什么呢？除了是一种更好的成功之外，他的谈吐、他的绘画、热爱自然又是什么呢？省去了一切令人厌倦的漫长的空间、沉重的形体，它的精神或寓意却被压缩成一句好听的话，或者绝妙的描写。

但是，艺术家必须在他的时代和国家用上那些常用的象征，以此把那些扩大了的含义传达给他的同胞。这样，艺术就是不断更新的。"当代的天才"在作品上盖上了他的无法抹夫的戳，赋予它一种无法用想象来形容的魅力。那个时期的精神特征把艺术家征服到什么程度，在他的作品中得到多大程度的表现，"未知""必然"和"神圣"就会被他在多大程度上向未来的观众表现。这种"必然成分"谁也不能从他的作品中排除。没有人能摆脱他的时代和国家，没有人能制造一种跟他那个时代的教育、宗教、政治、风俗、艺术毫无关系的模式。虽然他是前所未有的异想天开，匠心独具，但是它在他的作品中所产生的思想的痕迹依然是他无法抹去的。逃避正好暴露了他所逃避的风俗。超越他的意志，远离他的视野，他所呼吸的空气，他和他的同时代的人生存和工作的观念基础，迫使他染上他的时代的风尚，他却不知道那风尚是什么。他作品中注定会有的东西具有一种杰出的魅力，个人才能无法赋予那种魅力，因为仿佛有一只巨手抓住了艺术家的笔和凿子，并且好像指引着在人类的历史上画一条线。埃及的象形文字，印度、中国和墨西哥的偶像，都被这种情况赋予了一种价值，且不管他有多粗糙和不成形。它们表示了那个时期的人类灵魂的高度，不仅不异想天开，而且是像世界一样深沉的一种必然性造成的。像历史一样，造型艺术整个现存的作品在这里有他最高的价值；也像在这样一种命运的肖像上画的一笔：这种命运很完美，按它的命令，所有生命都要走向他们幸福的极致，这样的话我现在可不可以说呢？

这样，以历史的眼光来看，艺术的功能就是教育对美的知觉。我们的眼睛看不清楚我们沉浸在美中。那只好去展示个别的一些特色，好对那蛰伏的情趣进行帮助和引导。我们又雕刻又绘画，或者作为研究形体秘密的学生而观赏雕刻和绘画。超脱就是艺术的优点，就是把一件物体从眼花缭乱、纷繁杂乱的物体中分离出来。直到一个物体与很多物体脱离了联系，才会有欢喜和关照，唯独没有思想。我们的快乐和不快乐没有任何效果。婴儿很高兴，但是他的个性和他的实际能力却由他每天在区分事物和一次处理一件事上所取得的进步决定。一切存在都被爱和激情集中到一个形体周围。某些心灵的习惯就是赋予它们偶然遇到的物体、思想和语言一种排除一切的充实，让它在当时成为世界的代表。这些心灵就是艺术家、演讲家和社会领袖。演讲家和诗人修辞技巧的精华就是超脱和借助超脱加以放大的能力。这种修辞技巧，或者让一件事物短时间内处于崇高地位的能力——在柏克、拜伦和卡莱尔身上有突出表现——画家和雕刻家通过色彩和石头来表现。艺术家对他所观照的那件物体洞察的深度决定了这种能力。因为每一件物体都在总的自然中扎根，当然可以给我们表现出来代表世界。所以，每个天才的作品都像当时的暴君一样把所有的注意力都集中于一身。在那个时期，这是唯一能够拿来说说价值的——不管它是一首十四行诗、一出歌剧、一幅风景画、一场演讲、一座寺庙的设计图、一场战役的计划，或者一次探险的方案。不久，我们就向另外一个物体转移，它像第一次做的那样又把自己发展成一个整体；比如说，一个布局完美的花园，好像除了规划花园之外似乎做什么都没有必要。如果我对气、水和土不熟悉的话，我就会认为世界上最好的东西就是火。在自己最成功的时刻成为世界之最，这是所有自然物体的权利和属性，是一切真正的才能和权利的属性，是一切固有属性的权利和属性。一只松鼠从这个树枝跳到那个树枝，让整个森林成为它取乐的大树，它所引起的注意可以媲美一头狮子——它美丽而自信，在那时，它就是大自然的代表。我聆听的时候，我的耳朵和心灵被一首好听的歌吸引，它的感染力可以媲美以前听过的任何一部史诗。被一个主人或一窝小猪吸引的狗，满足了一种现实，而且确实是一种现实，它的作用并不比米开朗琪罗的壁画逊色。我们在这一连串的物体中认识到了世界的广阔和人性的丰富，它可以从任何方向奔向无限。但是我也认识到，在第一件事上让我吃惊和着迷的东西在第二件事上也是如此。一致，就是万物的优点。

绘画和雕刻仅仅具有最初级的功能。最优秀的图画可以轻而易举地告诉我们它最终的秘密。几个神奇的点、几条神奇的线、几种神奇的颜色，构成了我们生活于其中的"人物风景画"，最优秀的画仅是这种点、线和颜色画成的草图而已。绘画对于眼睛，就像舞蹈对于四肢一样。当躯体已经从它那儿学会了自制、伶俐、优美时，舞蹈家的舞步基本上就被忘光了；绘画教给我色彩的绚丽和形体的表现，当我看到绘画和艺术中的更天才的天才时，我看到的是画笔的缤纷色彩，艺术家随随便便从可能的形体中做出选择时所表现出的冷漠。如果他什么都画得了，为什么还要画些什么呢? 然后，我睁开了眼睛，看到大自然在街上的永恒的图画，不断来往的大人、孩子、乞丐、美女，有的穿红的，有的穿绿的，有的穿蓝的，有的穿灰的，有的长发飘飘，有的鬓角斑白，有的脸色很白，有的面孔很黑，有的满脸皱纹，有的非常高，有的特别矮，有的扬扬得意，有的像淘气鬼——一幅惊天动地、天高海阔的画面。

　　展览馆的雕刻把这个教训讲得更加通俗易懂。绘画讲的是上色，雕刻讲的是人体解剖。我看过优美的雕像并随后走进了一个公共会场之后，才明白了有人曾说过的这句话："当我一直在阅读荷马时，所有人看起来都像巨人。"我也看到绘画和雕刻是眼睛的体操，训练眼睛掌握它的功能的细微奇妙的特点。任何一尊雕像都不会像一个变化万千的活人，他的优越性超越一切完美的雕像。我这里有个怎样的艺术馆啊! 任何一个追求风格的艺术家都不能造出这样神态万千的群像和各具形态、别具匠心的个像。在这里，艺术家严肃并高兴着，对他的石材进行即兴创作。一会儿他被一个思想触动，一会儿又被另一个思想触动，他每时每刻都在改变他的人物造型的整个气度、姿势和表情。扔了你的油料和画架的乱搞，抛弃你的大理石和凿子的折腾；如果不是睁开眼睛看见了永恒艺术的圣手，那么它们就都是伪造的废品。

所有创作最终都是与一种原始动力相关的，这就解释了所有最高艺术品共同的特点——它们都能被普遍地理解；它们恢复了我们最简单的心态；它们都是宗教性质的。因为不管那里面有什么技巧表现出来，那都是原始灵魂的再现，纯粹的光的一种照射，所以对自然物体制造的东西它应当造成一种相似的印象。在欢乐的时候，在我们看来，自然是一个艺术的自然；艺术是被完善过的艺术——天才的作品。谁身上的一种地方和特殊文化的偶然事件被单纯的趣味和对一切伟大的人类影响的敏感性压倒了，谁就是最优秀的艺术批评家。虽然走遍世界去寻找美，但是我们必须在身边带着它，否则我们根本找不到它。一种杰出的魅力，这才是美的真正精华所在，那是表面上的、轮廓上的技巧或艺术规则永远无法教会的，换句话说，那是一种从带有人性的艺术品中发出的光——通过石头、帆布或声音对我们的本性的最深刻、最纯粹的属性的一种神奇表现，因此对于具备这些属性的那些灵魂来说，最终是理解得最透彻的。在希腊人的雕刻里，在罗马人的石头建筑里，在托斯卡纳和威尼斯大师们的画作里，它们的最普通的语言就是最高的魅力。一种道德的自白，一种纯洁、爱和希望的自白，由他们的身上向外散发。我们原封不动地带回了我们送给他们的东西，只不过有更好的说明留在了记忆里。旅行者游览梵蒂冈，从这个展室到那个展室，经过一个个雕像、花瓶、石棺、树形烛台的陈列室，经过各种各样的美，都用最华丽的材料雕刻出来，这时这样的危险就会出现在他身上：造成这一切原理的单纯性很可能被忘记，它们的思想和法则的来源就在他们心中也很有可能被忘记。他对这些神奇的遗留下来的东西的技术规范进行研究，却把这些东西并不总是这样群星荟萃给忘记了；忘记了它们是多少国家、多少岁月的贡献；忘记了每一件都从一个艺术家单独的作坊中出现，这个人殚精竭虑，可能还不知道有别的雕像存在，他创作的作品没有其他的样本，只有生活，家庭生活以及个人关系的苦与甜，共同跳动的心脏和邂逅的目光的苦与甜，贫穷、潦倒、希望、害怕的苦与甜。他的灵感就是这些，他深入你内心的影响也是这些。艺术家有多大的力量，就能在他自己的作品中为自己的个性发现多大的出口。他只承受来自他的材料的局限或妨碍，由于自我表达的必要性，在他手上，再硬的石头也会被他变成蜡，并且愿意让他彻彻底底地、毫无保留地对他自己进行表达。他只要承受一种传承的自然和文化的牵绊，只需要问罗马或巴黎是什么模式。在新罕布什尔州的一家农场的角落一座未曾涂漆的灰色木房子里，在边远林区的圆木房里，或者在他曾忍受过的一种城市贫穷的压抑和面貌的狭隘公寓里，被贫困和天生的命运变得让人爱憎交加的房子、天气和生活方式就跟其他所有状况一样，起这么一种象征作用——通过一切毫不在乎地倾泻自己的思想。

我还记得，在我年轻的时候就听说意大利的绘画无比奇妙，我当时就想，那些伟大的画作看起来一定很陌生；一定是色彩和形体被惊人地结合，一种异国的奇迹，镶金嵌玉，美轮美奂，就像在小学生眼睛和想象中显得现象奇异色彩繁杂的民兵的短矛和旗帜一样。我就是要看到并了解这种我不知道是什么东西的东西。最后，我到了罗马，亲眼看到了那些画，我发现天才留给新手们那些色彩纷繁、浮华招摇的东西，而自己却直接指向纯粹与真实；它显得亲切、真诚，是我在很多形体中见过的亘古永恒的事实——了解它就是我活着的目的；它就是我了解得极为透彻的简单明了的你和我——早就是老生常谈了。在那不勒斯的一座教堂里，我早就有过这种经历。在那里，对我而言，除了地点其他毫无改变，于是我对自己说：“你这个傻瓜，你漂洋过海地走了四千英里①海路，就是为了到这里发现

——————
① 1英里约为1.609千米。

你觉得跟家里一模一样的东西吗？”我在那不勒斯的学术宫的雕刻馆里又看到了这一事实，我来到罗马，来到拉斐尔、米开朗琪罗、萨基、提香、达·芬奇的绘画前，又看到了这一事实。“什么，老田鼠，你钻地钻得太快了吧！”它陪着我旅行，我想着我已经放在波士顿的东西却在梵蒂冈，又在米兰、巴黎，结果使一路的旅行像一辆踏车那样荒唐。现在我向所有的绘画提出这样一种要求，它们应该让我感到很常见，而不是让我眼花。画千万不要有太多的画意。最让人惊奇的就是常识和坦白了。所有的伟大行动都是简单的，所有的伟大的画同样如此。

　　这种独特之处的一个突出例子就是拉斐尔的《基督显圣容》。整幅画显出一种安宁、慈祥的美，直达人心。他好像就在直接呼唤你的名字。耶稣的优美高尚的脸叫人惊叹，然而对于期望华丽高贵的人来说这无异于当头浇上一盆冷水。这种熟悉、纯朴、居家的面容就像在迎接朋友似的。画商的知识自有他自己的价值，但是如果你的心被天才打动了，对于画商的那些评论，你还是不要听了吧。不是给他们画的画，而是给你画的；是为那种人画的，他们长着能够被单纯和高尚的感情所打动的眼睛。

　　对于艺术的好话我们能说的都说尽了，我们最后必须坦白承认：照我们的看法，艺术仅仅是最初的。我们不停赞叹的是它们的目的和承诺而不是实际结果。谁相信创造的黄金时代是过去，谁就把人的智慧看低了。《伊利亚特》和《基督显圣容》的真正价值在于它们是能力的标志，是潮流的巨浪或细流，是不断创造的象征，即使是在最恶劣的情况下，灵魂也要把它们表现出来。艺术如果不能和世界上最强大的势力一起前进，如果它既没有实际作用又没有道德，如果它跟良心没有关系，如果它不能让贫穷和没教养的人们觉得它在用一种高尚愉快的声音向他们说话，那就说明艺术还不成熟。艺术工作在技术之上。技术是一种还未完善或低劣的本能的夭折。艺术却是创造的必须；因为它的本质广阔而普遍，所以它无法忍受用残废或者捆住的手去工作；无法忍受残废、变形，所有的画和雕像都是这样。它的目的并不比人和自然的创造低。一个人应该为他的精力在艺术中找到一个出口。只要他有这样的能力，他就可以去绘画或雕刻。艺术就该让人快乐，应该从各个方向把事物的墙推倒，从观赏者心中唤醒作品在艺术家身上所显示的那种普遍关系和能力的意识，造就新的艺术家就是它的最高效果。

有的艺术很古老，有的已经消失，悠久的历史完全有见证它们的资格。雕刻艺术早就失去了任何实际的作用。本来，它是一种有用的艺术，一种写作方式，一个原始人

对感激或忠诚的记录，在一个对形体有特殊感觉的民族中，
这种初级的雕刻经过提炼，产生了辉煌的结果。不过，它
是一种粗放并很有年轻活力的民族的游戏，却不是一个聪
明而追求精神的国家的坚强劳动。在一棵枝叶茂密、结满
果实的橡树下，在一个充满恒久的眼睛的天空下，我站在
一条大道之上；但是在我们的造型艺术的作品中，特别是
雕刻作品中，创造已经被逼得无路可走了。不必避讳什么，
雕刻中存在着某种不值一提的现象，跟玩具的低贱和剧院
的装饰没什么区别。我们的一切思想情绪都被天性所超
越，我们依然没有发现它的秘密。然而，美术馆却被我们
的情绪支配着，某个时间，它会变得很轻浮。牛顿一直在
关注着星体的轨道，居然不知道彭布罗克伯爵在"石头玩
偶"中发现了什么值得称赞的东西，我们并不对此感到奇
怪。雕刻可以教会学生知道形体的秘密的深奥之处，知道
精神可以怎样完美地把自己的含义翻译成争论的方言。在
需要穿透万物、不可忍受冒充和毫无生机的事物的那种新
活动面前，雕像就会显得非常冰冷而虚假。绘画和雕刻其
实是形体的节日庆典。但是，真正的艺术是永不固定的，
是永远流动的。最优美的音乐并不是在圣乐之中，而是在
人的声音里，如果它从短暂的生命中说出温情、真理或勇
气的音调的话。圣乐已经跟早晨、太阳、地球无关，而那

种令人信服的声音却跟这一切丝丝入扣。所有的艺术品都不应该超脱现实，而是应该即兴表演。在每一个姿势和行动上，一个伟人都是一尊新的雕像。一位美女是一幅让所有观赏者疯狂却不失高尚的画。人生完全可以是抒情诗或史诗，而不仅仅是诗歌或传奇。

如果发现某人有值得宣布创造的规律，那么艺术就会被这一真正的宣告带进自然的王国，消灭它的分离的、对立的存在。创造和美的源泉几乎在现代社会中枯竭了。一部通俗小说、一座剧院，或者一家舞厅，让我们觉得我们就是这个世界中的贫民窟里的乞丐，毫无尊严，毫无技巧，毫无勤奋。艺术一样很贫穷、低贱。那古老而悲壮的"必然"甚至落到古代的维纳斯和丘比特他们的前额上，还为那些闯入自然的怪异形象表示仅有的抱歉——也就是说这些形象本身无可避免；艺术家陶醉在对形体的爱好中，他无法抗拒这种爱好，它自发地涌现在这些豪华之中。这种古老的悲剧性的必然让凿子或笔不再具有尊严。但是在艺术中，艺术家和鉴赏家现在却在寻找他们才能的表现，或者一座脱离人生种种罪恶的避难所。对于在自己想象中所塑造的东西，人们并不满意，于是向艺术靠拢，用一首圣乐、一尊雕像，或一幅画来把他们的良知表现出来。艺术所做的努力跟一种感官的成功所做的努力一样；就是把美与用途互相分离，把作品当作不可避免的东西进行粉饰，如果憎恨他，就改为赞赏好了。这些安慰和补偿，这种美和用途的分离，自然法则并不允许。如果美是为了快乐而不是出于宗教和爱而被找到的话，那它就把寻找者给贬低了。他再也不能在帆布、石头、声音或抒情作品中获得高尚的美了，最多只能形成一种阴柔的、谨慎的、病态的美，其本质上并不是美；因为手能做到的事永远不会高于性格所激发的事。

如此一来，去分离的艺术本身最先遭到了分离。艺术必须从人的内心开始，而决不能只是一种肤浅的才能。现在人们对自然的美根本无力发现，于是他们就去造了一尊必然美的雕像。他们讨厌人，认为人单调、痴呆、固执，于是就用颜料袋和石块自我安慰。因为生活平淡他们就抛弃生活，却创造一种他们称为充满诗意的死亡。他们匆匆忙忙地干完了全天的让人生厌的事情，就飞进粉色的白日梦。他们纵情吃喝，就为了日后实现理想。照这么做艺术就受到了贬斥；名义向心灵传达了它们次要的憎恶；它在想象中变成了某种天理难容的事，从一开始就被死亡袭击了。难道从最高尚的地方开始——先服务于理想，再纵情吃喝；在纵情吃喝时，在呼吸中，在生命的功能中，服务于理想，不是更好吗？美必须回归有用的技术那里，必须忘掉美术和实用技术的区分。如果把历史讲得真实，如果生活过得高尚，分开两者非但不容易，甚至不可能。自然中的一切都是有用的，都是美的。它美的原因就在于，它是活的、运动的、能繁殖的；它有用的原因就在于，它对称、漂亮。美不会在一个立法机构的召唤下说来就来，也不会在英国或美国重复它在希腊的历史。它会和往常一样，不需要等着宣布，就在勇敢认真的人们的两脚之间跃起。我们需要寻找天才去重复古老艺术中的奇迹，那纯粹是白费力气；在新的必要的事实里，在田野和路边，在商店和工厂，它的本能就是去发现美和神圣。它将从一颗虔诚的心那里出发，把铁路、保险公司、股份公司、我们的法律、我们的基层议会、我们的商业、电池、电瓶、棱镜、化学家的曲颈瓶，升华到一种神圣的用途，而现在我们从中寻找的只是一种经济用途。难道属于我们的重大机械工程——属于工厂、铁路、机器的那种自私甚至残酷的方面，这种结果不就是这些工程所服从的金钱冲动造成的吗？当它的使命高尚、合适时，新老英格兰被一条轮船跨越大西洋而连接起来，它准时驶进自己的港口，就像一个行星那样，这就是人和自然迈向和谐的第一步。圣彼得堡的船在引力作用下沿勒拿河航行，它并没有需要什么去变得崇高。在爱中科学被人学习的时候，由爱来行使科学的力量的时候，这些力量似乎就成了物质创造的补充和发展。

历　史

　　每一个人都存在着一个共同的心灵，每个人都是进入这个共同心灵及其一切的入口。人一旦被赋予这种理性的权利，那他就会成为整个社会的自由人。柏拉图想到的他也能想到，圣徒能感觉到的他也能感觉到，他可以理解任何人在任何时候的遭遇。不管是谁，只要进入这个普遍存在的心灵，那他就参与了一切现有的或可行的行动。因为这是唯一的、最高的力量。

　　历史记录下了这个心灵的工作。由整个一连串的岁月来阐释它的精神。唯有历史能对人做出解释。人的精神把属于它的所有本领、思想、感情从开始出发时就体现在适当的事件中，从容并永不停息。可是事实总比思想慢半拍，在心灵里，所有的历史事实都是以规律的形式预先存在了，换言之，每一条规律反过来是由起主导作用的环境造成，而自然的局限性一次只能产生一个规律。一个人就是一本记录着全部事实的百科全书。一颗橡果里蕴含着一千座森林的创造；而在第一个人身上，早已经蕴藏着埃及、希腊、罗马、高卢、不列颠、美国。一代又一代，从部落到王国、帝国、共和国、民主国，这都仅仅是一个人多重的精神应用到了这个多重的世界上而已。

这个人的心灵书写了历史，而他又必须阅读历史。斯芬克斯的谜必须由自己解开。如果一个人身上体现了全部的历史，那么就要从个人经历这个角度上解释全部历史了。我们生命中的每时每刻都与千秋万代有着相通的关系。供我呼吸的空气汲取自大自然的仓库，供我看书的亮光来自亿万英里之远的星球，我身体的平衡全靠离心力和向心力的平衡。与之相同，时刻应该受到时代的指引，时代应该由时刻来解释。每一个人都是一个共同心灵的又一个化身。他的身上会表现出普遍心灵的所有特点。他的个人经历中的任何新奇的事情都反映出绝大多数人曾共同做过什么，而他的个人危机和民族危机又是紧密相连的，每一场革命起初都是一个人心灵里的一个想法，如果相同的思想出现在另外一个人的心灵里面，那将会对这个时代产生至关重要的作用。每一次的改革最初只是一种个人看法，如果他同时成为其他人的看法，那这种看法必定会解决这个时代所面临的问题。别人所说的事实必须和我身上的某种情况相符，这才能使其有可信度，可理解。我们阅读时，必须变身为希腊人、罗马人、土耳其人、教士和国王、殉道者和刽子手，必须把这些形象和我们隐秘经历中的某种实体紧密相连，要不然我们就不能正确地学习到任何知识，我们的遭遇和哈斯德鲁巴或者恺撒·波吉亚的遭遇是相同的，都是关于这种心灵的力量和堕落的一种证明。每出炉一部新的法令，每发生一场新的政治运动，对你来说这都是非常有意义的。你站立在它的各个招牌前说："在这个面具下隐藏着我善变的心灵本性。"这使我们太接近自己这个毛病得以纠正。这使我们的行为得以客观逼真地展现：螃蟹、山羊、蝎子、秤、水壶，一旦被用作黄道十二宫的标志，立刻就身价倍增，同样，在所罗门、亚西比德、喀提林这样一些前人的身上，我能够很冷静地看到自身的罪恶。

　　普遍的性质让特殊的人和物也有了所该有的价值。包含这种普遍的性质的人是神秘而不可侵犯的，我们还用各种法律来维护。因此所有的法律取得了它们最终存在的理由；一切法律都或多或少地表明它掌握这种最高的、无限的精髓。财产也控制了灵魂，包含着伟大的精神实质，所以，出于本能，起初我们就利用武力和法律，以及广泛而复杂的工具来掌控它。哪怕对这一事实只有一点模糊的认识，就相当于我们的整个白昼有了光明，就相当于提出了最高的要求，就相当于教育、正义、慈善的呼唤，就相当于友谊、爱情、自助的基础。值得注意的是，我们在阅读时，总是不自觉地感觉自己超乎常人。通史、诗人、传奇作家，他们所描绘的最为壮观的场景——僧侣和帝王的宫殿里，意志和天才的成就中——从未使我们失望，从未使我们有侵入他人领地和高不可攀的感觉；反是看到他们雄浑的笔触时，我更觉得轻松安逸了。莎士比亚说的关于国王的话，连坐在墙角读书的柔弱的小孩都认为可能发生在他身上。对于伟大的历史时刻、伟大发现、伟大抗争、人类的繁荣昌盛来说，都会引发我们的共鸣——因为自会有人为我们制定法律，为我们探索海洋、发现陆地、打击敌人，而我们在那种场合也会那样做，那样欢呼。

对形势和性格我们有着同样的兴趣。我们尊敬富人，因为从外表上看他们拥有自由、权力和风度——我们感到这都是人类本来就应该具有的，我们本来也应该具有的。因此禁欲主义者、东方人或现代作家所讲的关于聪明人的性格，在每个读者看来，都描写的是他自己的观念，描写的是暂时没有达到但是最终会达到的自我。所有的文学都描写了智者的性格，书籍、纪念碑、图画、谈话，都是画像，所有的读者都能从中发现他正在形成的面貌，沉默者和善谈者都在赞扬他，呼唤他，无论他走到哪里都会被人暗暗提及，这使他兴奋不已。所以，一个真正有进取心的人绝对不渴望别人在谈话中提到自己、赞美自己。他听见别人赞美的声音，但不是赞美他，而是赞美他所追求的性格，但听起来比赞美自己更加甜蜜，在人们谈论性格的每一句话中，更有甚者，在每一个事实与环境中——奔流的河水里，沙沙作响的稻田里，也会听到这种赞美。宁静的大自然，高山峻岭，日月星辰的光辉，都暗示出了赞美，表达出了敬意，流露出了爱恋。

这些好像是在幽暗的下意识里透露给我们的暗示，我们应该在清醒的时候利用它。学生应该是主动地而非被动地去阅读历史，他应该把自己的生活作为正文，把书籍当作注释。这样的话，缪斯就只能发出神谕，而对不尊重自己的人从来不会这样做。如果他觉得古代声名远扬的人在那时做的事比他现在正在做的事更有意义的话，那我对他能正确地去阅读历史不抱指望。

这个世界就是为了教育每一个人而存在的。历史上所有的时代，所有的社会形态，所有的行为方式都跟每个人的生活有某种相符之处。每一件事物都倾向于用奇妙的方式来简化缩略自己，并且把自己的美奉献给每一个人。他理应能看到他可以亲身体验全部的历史。他必须不出家门，以免受到国王贵族的欺凌，但他却知道他比世界上的所有地理、所有政府都要伟大；他必须转变阅读历史的一般观点，从罗马、雅典和伦敦挪到自己身上，他要确信自己就是法庭，要是英国或埃及有话要对他说，他就要对这个案件进行审判，要是没有，就让它们永远沉默下去吧。他一定要养成并保持住那种崇高的见解，事实从此透露出它们隐秘的意义，诗歌和历史的记载都差不多。在我们利用历史上的重要记载之时，就会彻底暴露出心灵的本能、大自然的目的。时间把事实的棱角磨碎使其化为闪烁的苍穹。没有一个铁锚、巨缆、篱笆会使一个事实永远也是一个事实。巴比伦、特洛伊，甚至早期的罗马，都已快成为传说的故事了。伊甸园，日头停在基比恩，到后来已经成为各个国家的诗歌了。在我们把一个事实制成一个星座悬挂在天空中，把它当作一个不朽的标志时，谁还会关心真正的事实如何呢？伦敦、巴黎、纽约必须走相同的路。"历史是什么？"拿破仑说，"不过是意见相同的一则寓言罢了。"埃及、希腊、高卢、英国、战争、殖民地、教会、法庭、商业的痕迹遍布我们四周，就像许许多多的花朵和杂乱无章的装饰品，有些是严肃的，有些是轻佻的。对于这些，我不想再做更多的重视。我相信永恒。我在自己的心灵里能够发现希腊、亚洲、意大利、西班牙和英伦三岛，发现每个时代和每个时代的天才和创造原理。

　　一些引人注目的历史事实总是在我们个人的经历中被提出，并且在其中证实它们。就这样，一切历史都将变成主观；换言之，严格说，没有历史，只有传记。任何一个心灵都必须亲自学会这一课——一定要查看整个地域。只要是它没有见过，没有经历的，它就不可能知道。为了便于管理，前一个时代早已把某些东西提纲挈领地归纳为一个公式或一条法则，可是却有一面墙阻挡着那条法则，我们的心灵无力去证明这件事实的好处。在某时、某地，心灵将会要求对这一损失加以补偿，并且能得到补偿，那就是亲自去做这项工作，佛格森所发现的很多天文学上的东西都是尽人皆知的，但是他本人却因此大为受益。

　　历史必须要这样，否则它毫无价值，国家制定的每一法律都指出了人性的每一事实，就这样，我们一定要从自身看到每一事实的必要理由——看出它能怎样，必须怎样。以这种态度对待一切事务；对待政治家的一篇演说，军事家的一次胜利，为某个主义或宗教的殉道精神，革命期间的恐怖，宗教复兴的狂热。我们假设我们自身在相同的影响下受到的感染应该相同，取得的成就应该相同；我们的目标是在精神上把握好每一步，而后再达到我们的伙伴，也就是我们的代表所达到的同一个巅峰或者谷底。

所有对于古代的探索——对于金字塔、被发掘出的古城、"悬石坛"、"俄亥俄圆圈"、墨西哥、孟菲斯的所有好奇心——全是一种欲望，要消灭这种野蛮、荒诞的"彼地"与"彼时"，而代之以"此地"与"此时"。贝尔佐尼在底比斯的木乃伊坑和金字塔里挖掘、测量，到后来，他终于发现了那种奇异的工程与他的息息相关之处。直到最后，他让自己彻彻底底地相信：这种工程的建造者和他是同样的人，用同样的工具，有同样的动机，而且他自己也是为了同样的目的而工作。此时此刻，所有的问题都有答案了。他的思想和那些寺庙、狮身人面像、地下墓穴紧紧相连，并且在它们中间满意地游历了一番之时，它们就在他的内心复活了，或者说是成了"此时"。

一座哥特式教堂，它显然是我们所建造的，又不是我们建造的。当然，它的建造者是人，但是我们这些人却造不出它。可我们却在潜心钻研它的建造史，我们将自己置身于建造者的地位与状况中。我们回忆起森林里的居民和最初的寺庙，然后坚持最初的形态，后来随着国家财富的增加而加上了装饰；木头被雕刻后立即身价倍增，于是也开始雕刻堆起一座教堂的大量的石头。我们考察了这个过程之后，再加上天主教会，它的十字架、音乐、仪式队列、圣徒纪念日和偶像崇拜，如此一来，我们就是建造那座大教堂的人了；我们已经看出来了它能怎样，一定要怎样。我们掌握了充足的理由。

　　人和人之所以存在着各种各样的差别，原因就在于人们奉行着差异巨大的原则。对于物品的分类，有的人是根据颜色、大小和外形上的偶然区别；而有的人则是根据内在的相似之处或因果关系。随着智力的进步，原因会被看得越来越清晰，而表面的差异则不会被注意。诗人、哲学家、教徒心目中的万物都是友好的、神圣的，万事都是有益的，每一天都是神圣的日子，每一个人都是神圣的人。他们的目光紧盯着生活，对境遇不太重视。内因的一致性和外表的多样性，是每一种的化学物质、植物、动物在发展变化中教会我们认识的。

　　创造万物的大自然柔软、流动，就像云彩与空气一样。既然我们被她支撑着、围绕着，那么我们为什么还要做那种顽固的研究，就只知道夸大那很少的几种形式呢？我们为什么还要注重时间、大小和外形呢？灵魂不明白这些，而天才由于遵循着自身的规律，所以知道该怎么去捉弄它们，就像一个小孩子和一个白胡子的老头玩耍，在教堂里游戏一样。对于偶尔想起的东西，天才都会去对其进行研究，而且深入到事物发展的胚胎时期，他看见同一个天体上发出的光线，在照到大地之前又是怎样射向四方的。天才透过各种各样的伪装注视着单原子元素，看到了它促使着自然界的轮回与转生。天才通过苍蝇、毛虫、蛴螬、卵，看到了永恒不变的个体；通过无数的个体，看到了不变的种；通过大量的种，看到了属；通过所有的属，看到了不变的类型；通过所有自组织生命的各界，看到了永恒的统一。自然如同一朵变幻不定的云彩，始终一样，但又从不一样。它就像一个诗人用一个寓意写成很多则寓言一样，把思想铸造成许许多多的形式。由于物质的一种微妙的精神，一个敏锐的精神可以把万物随意地变换。坚硬的物体在它跟前化为柔软明确的形状，可在我看到它的时候，它的外形和结构又发生了改变。所有东西都不像形式那样善变，但是她从不完全地否定自己。在人的身上，我们仍然可以观察到各种遗迹和暗示，我们觉得这是低等种族奴性的标志。在人的身上，这些东西反而使人显得更加高贵与优雅。就如埃斯库罗斯作品中的伊娥化成了一头母牛，简直不可想象，可是作为埃及的伊西斯女神，她碰到了奥西里斯主神时，她变化多大啊! 她变成了一个美艳不可方物的女人，没留下一点变幻的迹象，只留下一对新月形的牛角作为她眉毛上的绝妙的饰品。

　　历史的同一性都是内在表现，多样性是外在表现。

事物的表面样貌繁多，而核心的原因简单至极。一个人的行为那么丰富，可是我们从中看出的却是同一种性格！观察一下我们有关希腊天才的信息的来源吧。我们有希罗多德、修昔底德、色诺芬和普鲁塔克所撰写的那个民族的文明史，详细记载着他们的言谈举止和所作所为。在他们的文学里，我们看到了同一种民族心灵一次又一次地表现，也就是在史诗、抒情诗、戏剧和哲学里，这都是一种很完善的形式，我们发现这种心灵也再次反映在他们的建筑里。它本身就是一种适度的美，局限于直线和方块——一种造型的几何图形；随后又发现它表现在雕刻里，是那"欲说还休的语言"，多姿多彩的形态，自由奔放的动作，但又不背离理想的宁静，好比信徒们在诸神面前进行某种宗教舞蹈的表演，即使痉挛般的疼痛，或者垂死的挣扎，也绝对不敢在他们舞蹈的形态和礼仪上有出格的行为出现。这样，关于一个非凡民族的天才，我们有一种四重的表述：对于感官而言，还有什么能比一首品达的赞歌，一尊大理石半人马怪兽像，帕特农神庙的石柱和福西翁临终前的行为更毫无关联的事呢？

　　任何一个人都一定看过一些相貌和形体，虽然它们并没有任何相似之处，却给每位观察者留下一种相同的感觉。某一幅画和一本诗集，即便它没有呼唤一连串栩栩如生的形象出来，但也添加了一种山中小径那样的形象，虽然对我们的感官来说，这种相似不是很明确，但是它的隐秘之处是我们无法了解到的。大自然只是对仅有的几种法则不停地进行排列组合和重复。她哼唱着古代著名的曲子，只是调子变化太多。

大自然的所有作品像一家人一样有某种崇高的相似之处；她喜欢把某种相似表现在人意想不到的地方，使我们大感惊讶。我看见过森林里一位老酋长的头，这马上让我想起一座光秃秃的山顶，那额上的条条皱纹让人想到层层山岩。一些人举止上就有一种华贵的仪态，就如帕特农神庙里那简朴而又让人敬畏的雕像，以及最古老的希腊艺术的遗迹那样。每一个时代的书籍中都能找到格调相同的作品。圭多的宫画《曙光女神》只不过是一个早晨的想象，就像里面的马匹仅仅是早晨的一朵云彩而已。假如有人不嫌麻烦，愿意观察他在某种心情中喜欢做和不喜欢做的各种行为，他就可以看到其中相似的链条有多么的紧密了。

有位画家告诉我谁如果不或多或少地变成一棵树，那谁就画不了树。而只是去研究小孩的体型轮廓的话，也画不出那个小孩，只有花一段时间去深入观察他的动作和游戏，借此进入他性格的内部，然后就可以随心所欲地把他的各种形态画出来。因此就有罗斯"进入一只羊的性格深处"之说。我认识一个制图员，被雇用来做一种公共测量工作，他发现一定要先把岩石的地质结构给他讲明白了，他才能画出那些岩石。各不相同的工作其实都起源于同一种思想状态。是精神相同，而不是事实相同，艺术家有把他人的灵魂唤醒去参与某种活动的力量，其原因就是靠一种更加深沉的领悟，辛苦地练就各种手艺倒在其次。

有人说."普通的灵魂靠干活带来收入，高尚的灵魂靠自身赢得好处。"为什么这么说呢? 因为一个深刻的性格以它的行动和语言，以它的面貌和神情，能唤醒我们身上等同于雕像或者绘画陈列室所提供的那种力和美。

文明史和自然史，艺术史和文学史，都必须从个人历史的角度来阐释，否则必定都是空谈。所有的东西都跟我们发生关系，所有的东西都能使我们产生兴趣——王国、学院、树、马，甚至铁梯; 人是万物之源。圣克罗齐教堂、圣彼得堡大教堂则体现了斯坦巴赫人埃尔文的灵魂。真正的诗歌是诗人的心灵的体现; 真正的船是造船的人自己的化身。假如我们可以把人解剖开来，我们就可以在他身上看到他的作品最后一些笔路产生的理由; 好比蚌壳里的每一根壳针，每一种色彩，都提前存在于水生动物的分泌器官中那样。所有的骑士制度和武士制度都寄寓在礼仪里面。一个有礼貌的人会把你的名字念得婉转优美，就是贵族的头衔也有所不及。

日常生活那些琐碎的经验总是在向我们证实一些古老的预言，并把我们充耳不闻的话和视若无睹的迹象变为实物。一位和我在林子里一起骑马的女士对我说，她一直感觉森林在等候着，好像住在里面的精灵停下了一切活动，等待着路人通过一样；这种想法早就有诗歌在描述仙女们跳舞时用到过：当人的脚步靠近时，舞蹈便停下了。假如谁在半夜看到月亮从云层的阻挠中挣脱出来，那谁就与天使长一样亲眼看见了创造光明和世界时的情形。我仍记得在某个夏天的旷野里，我的伙伴指着一大团的云彩让我看，它跟地平线持平，可能有四分之一英里宽，非常像教堂里画的小天使的样子，在中央有一个圆块，很容易添上眼和嘴，把它点缀得栩栩如生，还有一对撑开的对称的翅膀在两边支撑。天空中出现过一次的东西可能会经常出现，它无疑就是那种人们非常熟悉的装饰品的原型。我曾在夏日的天空看到一连串的闪电，它马上向我展示：希腊人所绘的天神手中的雷电，就是从大自然中获取的。我看到过石墙两边堆放的积雪，它很容易让人想到紧紧挨在一座塔上的普通建筑物上用的旋涡形饰品。

　　只要处在最初的环境中，我们就可以把建筑上的样式和装饰一样一样重新发明出来，因为我们所看到的是各个民族不过是在装饰自己原始的住所。陶立克式的神庙存留着陶立克人所居住的小木房的风格。中国的宝塔明显是鞑靼人的帐篷。印度和埃及的神庙依然显露着他们祖先的坟茔和地窖的遗迹。"在用天然岩石建造房屋和坟墓的习惯，"黑伦在他的《埃塞俄比亚人研究》中说，"自然而然地决定了古埃及努比亚建筑的主要特征，就是规模宏大。在这些自然形成的洞穴里面，眼睛习惯了巨大的造型，所以，一旦用艺术来衬托自然，如果不想弄得自身轻贱，就不能显得小气。那些殿堂无比宏大，只有巨人才有资格坐在堂前或者在柱子旁守护，而普通大小的雕像，整齐规范的门廊和偏厅，跟那些大家伙联系在一起，将显示出怎样的一种形态呢？"

　　把森林里那些枝繁叶茂的树木稍加改造，变成一个祥庆或者肃穆的连拱长廊，这明显是哥特式教堂的起源，因为那裂开的柱子上的箍带仍然代表着从前捆绑拱廊的绿色枝条。任何人在松树林开辟出一条路走着，都觉得这座树林有着建筑物的相貌，特别是在冬天，别的树木那光秃秃的形象更是凸显了撒克逊松树的低低的拱门。在树林里，一个冬季的下午，我们可以很容易看到装扮哥特式教堂的那五彩缤纷的玻璃的起因——在树林里交叉着的光秃秃的树枝之间所看到的西方天空的色彩。所有对大自然充满向往和爱好的人，一旦走进牛津古老的建筑群和英格兰的大教堂，就都感到是森林征服了建筑师的心灵，他的凿子、锯子、刨子，都是仿制了森林里的蕨草、穗状的花、蝗虫、榆树、橡树、松树、枞树和云杉树。

哥特式教堂是石头开了花；然而，因为人类不知满足地要求和谐，这烂漫的春光又被要求所节制。一座花岗岩的石山绽放成一朵永不凋零的石花，它具备了植物的美，更具备了轻盈与细致的完整。

与此相同，一切公共事务应该以同样的方式个性化，一切个人事务应该普通化。因此，历史既要有变动性，又要保持真实性，传记变成既深沉又崇高的。波斯人用他们的建筑物里纤细的柱身和柱头来模仿莲和棕榈的茎与花的结果，同样，波斯的宫廷在它辉煌的时代也未抛弃部落的游牧生活，他们在埃克巴坦拿度过春天，然后迁徙到苏萨消夏，再去到巴比伦过冬。

早期的亚非历史中，游牧和农耕是两种对立的生活方式，亚非的地理环境使游牧生活成为唯一的选择，但是对那种拥有土地和市场的便利而建立城镇的人们来说，游牧民族就显得非常可怕了。因为游牧生活会对国家产生危害，所以农业就成了一种宗教性的指令。在英美等近代文明国家里，这些倾向仍旧在国家和个人身上继续着从前的战斗，由于牛虻的袭击，非洲的游牧民族不得不到处流浪，因为牛虻发狂地叮咬牛群，所以迫使部落在雨季迁徙，把牛群赶到较高的沙土地区。亚洲的游牧民族，逐月随水草迁移。欧美的游牧生活则是出于商业和好奇心理，从阿特巴拉河的牛虻到波士顿湾的那些狂热的英国迷和意大利迷，这的确是一种进步。有些圣城必须在约定的日期去朝拜，严格的法律和习俗有助于加强民族联系，对于古代的漫游者来说，就是一种约束；而在一个地方久居累积的好处则限制了当前人们的漫游。这两种敌对倾向有时候在个人身上也得到充分的体现，有时喜欢去冒险，有时则想休息，就看哪一种倾向正好占优势了。一个体格健壮、心情舒畅的人能够迅速适应环境，他坐在自己的车里，南北畅游，不管在哪都一样的感觉舒适。在大海上、在森林里、在雪地里，他照旧能够睡得暖，吃得香，交往愉快，和在自己家的壁炉边一样，不然，或许他的智慧更深地隐藏在更为广阔的观察力中，不管他的眼睛看到什么新鲜事物，都能引起他的兴趣，游牧民族贫穷饥饿到无路可走的境地，而这种精神上的游牧生活若过度发展，就会让人把精力耗费到一些乱七八糟的对象上，导致心灵的崩溃，在另一个方面，那种闭门不出的智慧倒是一种节制或者满足，因为它在自己土地上发现了生命的所有元素；要是不从外引进一些东西加以刺激，它就有日趋单调和堕落的危险。

个人在他身外所看到的一切事物都和他的心境相符合，而当他不断前进的思想将他引入那件事或者一系列事实所属的真理时，一切事物于他而言又都是可以理解的了。

原始世界——德国人所谓的"前一个世界"——我能够在自身上进行深入研究，就如我能够用探索的手指在地下的墓穴里、图书馆里、别墅遗迹的破碎浮雕和无头无臂的雕像上摸索它一样。

人们无不对希腊各时期的历史、文学、艺术、诗歌感兴趣，从"英雄时代"或称"荷马时代"到四五百年后的雅典人和斯巴达人的家庭生活，这种兴趣产生的基础是什么呢？还不是因为所有人都经历了一次希腊时代。希腊时代是肉体性的时代，是感官完美的时代——是精神自然与身体绝对一致地展现出来的时代。在这个时代里生存的人的体形给雕刻家提供了赫拉克利斯、菲玻斯和朱庇特的原型，它们不像现代都市里充斥的那种面容模糊的雕像。他们五官端正，线条清晰，眼窝的构造也与现在不同，因此眼睛不能斜视，不能左顾右盼，想看哪儿就必须把整个脑袋都转过来。那个时代的仪态讲究的是直率与豪放，人们所敬仰的个人品质是勇气、谈吐、自制、正义、力量、机敏、洪亮的嗓音、宽阔的胸膛。人们不知奢侈、风雅是什么。由于人口稀少，生活贫困，因此每个人都是自己的仆人、厨师、屠夫和士兵，自给自足的传统锻炼了身体，让它能够做出神奇的事情。《荷马史诗》中的英雄阿伽门农和狄俄墨得斯就是这样。色诺芬在《万人大溃退》中对自己和同胞们也没什么差别："部队在跨过亚美尼亚的泰利波斯河后，下起了很大的雪，队伍很悲惨地躺倒在雪地里，可唯有色诺芬光着膀子爬起来拿起一把斧子，开始劈柴；于是别人也都爬起来，跟着他一起干。"在他的军队里，自上而下言论极为自由。为战利品他们争吵，为每一个新下达的命令，他们和将军们争论，色诺芬口齿伶俐，而且比大多数人都要厉害。所以在受到责难后肯定会反唇相讥，优秀的小伙子们总是既要讲荣誉准则，又要纪律松弛，谁还看不出这就是一帮优秀的小伙呢？

古代悲剧最高魅力——其实也是所有古代文学的魅力——就在于剧中人物能朴实地说话，说起话来，就像一些有着真正智慧的人，自己并没有感觉到，那时候反省的习惯还没有成为心灵的主要习惯。我们崇尚古代，并不是说崇尚古老，而是崇尚自然。希腊人不善于反思，可是他们的感官和身体却完美无瑕，具有世界上最优秀的体质结构。成年人的行为动作和小孩子一样单纯优美。他们制造花瓶，书写悲剧，雕刻石像，都是按照健康的感官应当去做的那样做——也就是说，趣味高雅。那样的东西各个时代都在继续制作，包括现在，哪里有着健全的体魄，哪里就有这些东西；可是作为一种类别，从它们超凡的结构来看，它们都是特别优秀的，它们把成年的精力和童年的纯朴融会贯通，这些风格之所以有着无穷的魅力，就在于它们就是人们所具备的风格，众所周知，因为每个人都是从童年走过来的。更何况，从古至今总有一些人保持着这种本色，一个有着孩童般纯朴的天才和天生就有精力的人仍然是一个希腊人，他重新点燃了我们对希腊女神的爱情。菲洛克忒斯对大自然的爱恋使我赞赏。我在阅读那些对睡眠、星辰、矿石、山脉、波涛的精彩述语时，感到时间仿佛一片退潮的海水一样流走；感觉到了人的永恒，人的思想的一致。仿佛希腊人的培养液是我的朋友。日月、水火，和他的心紧紧相连，也跟我的心紧紧相连，如此一来，人们所宣扬的希腊人和英国人的差别，古典派和浪漫派的分歧，就都成了不切实际的论调了。当柏拉图的一个思想成为我的一个思想——当点燃品达灵魂的真理同时点燃了我的灵魂时，时间就已不在了。当我感到我们两人的灵魂在一种直觉中相遇，我们两人的灵魂色彩一致，似乎合二为一时，我们为什么还要测量维度的度数，数古埃及的年代呢？

学生用他自己的骑士时代来解释骑士时代，用他自己相仿的小型体验来解释海上探险和环球航行的时代。对于世界宗教史，他也有一把相同的钥匙，当远古的一位先知的声音只对他重复着他童年时的一种情绪、他青年时的一种祈祷之时，他就会破开一切混乱的传统、扭曲的制度，接触其中的真理。

那些稀有但是又放肆的精灵们一次次出现在我们中间，不断地给我们揭示大自然的新的事实，我看到上帝的使者经常在人间行走，让平凡听众的心灵感知他们新的使命。祭坛、男女祭司们显然都是受了神的感召。

耶稣让那些注重感官享受的人感到惊奇，也让他们产生了敬畏。他们无法把他和历史结合在一起，或使他与他们协调一致，但当他们渐渐知道了尊重他们的直觉，并且渴望过着神圣的生活时，他们自己的虔诚就能解释每一件事，每一句话。

对摩西、琐罗亚斯德、魔奴和苏格拉底自古以来的崇拜在心灵里那么容易就被驯化了。我在这些崇拜中找不到一点古代的痕迹，这些崇拜是他们的，也是我的。

　　我不必漂洋过海或跨越世纪却看到了最古老的祭司，不止一次，我的面前出现了某个忽视劳动，全神贯注地做默祷的人，一个以上帝名义行乞的受俸牧师。而这将由19世纪的柱头修士圣西门底比斯和第一位嘉布遣会修士来补偿。

　　东西方的教士权谋，包括麻葛、婆罗门、督伊德和印加教士的权谋，都可以在个人私生活里得到解释，一个严苛的顽固的形式主义者对一个小孩有一种束缚性影响，会压制他的精神与勇气，瘫痪他的理解能力；但是这却并不会激起那孩子的愤慨，而只会使得他害怕，服从。甚至会同情这种专制——这很正常，孩子长大后就会明白了，他看出小时候压迫他的人本身也是一个孩子，被某些名字、字句与形式所奴役着，而奴役他的人也不过是那些名词与形式的工具而已。事实叫他明白了巴力神是怎样受崇拜的，金字塔是怎样建成的，就连商博良发现所有工匠的姓名和每一片瓦的造价也比不上事实的教育作用，他发现亚述和乔鲁拉家群就在他的门口，而他本人就是方案的制定人。

　　还有一层，所有深思熟虑的人都向他那个时代的迷信提出抗议，于是他一步步追随古代的改革家的某些做法，在追求真理时，他也像他们一样发现道德又有沦丧的危险。他再次领悟到需要多么强大的力量来取代迷信的束缚。改革的身后，总跟着一个放荡的时代。世界史上出现过很多次这样的情况，当代的革命家也都慨叹自己家里的虔诚也在减退。有一天马丁·路德的妻子对他说："博士，为什么我们在教皇统治时期祈祷的次数又多又虔诚，而如今却又少又冷淡？"

进步的人发现文学中——不唯历史，还有寓言——有多么丰厚的一笔宝藏啊！他发觉诗人并不只是描写奇异的、怪诞情景的怪人，而是用他的笔写出对人人都适用的内心自白的普通人。他在诗句中发现自己的秘密传记，他对那些句子知根知底，虽然那都是他出生之前写下的句子。他在个人的冒险中一一体验着伊索、荷马、海菲兹、阿里奥斯托、乔叟和司各特的每一个寓言故事，并通过自己的头脑和双手去将之验证。

希腊人的美丽寓言全是想象力的结晶，而不是幻想的产物，所以都是普遍的真理。普罗米修斯的故事寓意是那么广阔，又是那么永久恰当。它是欧洲历史的第一章（这则神话用一层薄幕遮住了真正的事实，机械工艺的发明和向殖民地移民）。除了它这主要的价值之外，它同时也描绘了宗教史，相当接近于后世的信仰。普罗米修斯是古老神话中的耶稣。他是人类的朋友，他站在永恒天父的不公正的"公正"与人类之间，情愿为他们忍受一切痛苦。可是这和宗教改革主义者的基督教略有出入，将普罗米修斯表现为天神的挑战者也与宗教有出入，这里它代表一种精神状态；无论什么地方，如果人们用不逊的、客观的方式宣扬有神论，很快就会出现这种心态，它好像是人的自卫，抵抗一种谎言，即人们都不满意只存在一个上帝这个为人所信的事实，而且觉得敬仰上帝实在是麻烦透顶。如果可能，他会偷造物主的火，跟上帝分庭抗礼，脱离上帝，独立生活。《被缚的普罗米修斯》是怀疑主义的浪漫故事，这庄严的语言的每个细节都适用于每一个时代。诗人们说，阿波罗曾经替阿德墨托斯放羊。诸神降临人间之时，无人知晓。耶稣就不是；苏格拉底和莎士比亚也不是；安泰俄斯是被赫拉克勒斯扼死的，要不每当他碰到他的大地母亲，他就又恢复了力量。人就是那个被制服了的巨人，在他衰弱的状态下，他的身体与精神通过与大自然交流的习惯而获得活力。音乐的力量，诗歌的力量，似乎恣意翱翔在广袤的天空中，并且解答了奥菲斯的谜语。哲学的理解能够在无穷无尽的形式变化中看出相同之处，这使它能够明了那变化多端的海神普洛透斯。我不是普洛透斯是什么？昨天我笑了或者哭了，昨夜我睡得跟死人一样，今天早上我则站着，奔跑着，这个我还会是什么呢？我举目四望，所见的芸芸众生岂不都是普洛透斯的转世？我可以用任何生物、任何事实的名字来象征我的思想，因为每一个生物都是人的替身或病人。坦塔罗斯在你我看来只不过是一个名字。它的意思是指我们无法饮用到思想的泉水，虽然它永远在灵魂的视线内闪光。灵魂的轮回转世绝不是寓言，我倒希望它就是，然而男人和女人只是半个人。农场、田野、森林、地上、地下河水中的每一个动物，都想方设法在身体直立、面向天空、会说话的人类中获得一块立足之地，并留下它特征和形态的印记。啊，我的兄弟，不要再让灵魂堕落了——它正在朝那种形式堕落，而多年来你已不知不觉染上了那种习惯。关于斯芬克斯的那个古老的寓言对我们接近而适用。它坐在路旁，让每一个路过的行人猜谜。如果那人猜不出谜底，它就会吃掉他，如果他要是猜中了，斯芬克斯就会当场死掉，我们的生命是什么？不过是长着翅膀的事实或事件的永恒飞翔，它们用各种方法来向人的灵魂提问。有些人不能用优越的智慧应付回答面前的问题，就需要为它们服务。对于这些人，事实是一种负担，控制他们，压迫他们，把他们变成墨守成规的人，有"见识"的人，他们对事实的彻底的服从，甚至熄灭了他们身上那种使人之所以为人所依赖的光明的每一星火花。但只要人忠实于自己最好的本能或者感情，拒绝事实的统治，就像一个来自高等种族的人，他与灵魂紧紧相依，并且能够通晓原则，于是这些事实自会适当地顺从下来，并各得其所，它们认识自己的主人，它们中间最平庸者也能为他增光添彩。

每个词都应该是一件事情，我们在歌德的《海伦娜》中看出了这种同样的渴望。他经常说，喀戎、格里芬、勒达、海伦，都会对心灵产生某种特别的影响，当时，他们就是永恒的存在，在今天看来就像奥林匹克竞技会上出现的一样真实。由于反复琢磨，他运用他们自如地写出了自己的风格，并将他们写得有血有肉。虽然他写的诗像梦一样模糊朦胧，可是他却比同一个作者所写的剧本的某些非常通俗的戏剧情节更有吸引力，因为他使人的心灵挣脱了循规蹈矩的生活——用大胆自由的构思，连贯的、惊奇的场景唤起了读者的创造力和想象力。

对诗人的天性而言，宇宙的天性力量太强大了，它骑在他的脖子上，用他的手写作；因此诗人有时候似乎要表达一种纯粹的随想或疯狂的浪漫史时，实际上却成了不折不扣的寓言。所以柏拉图说："诗人说出来的至理名言，就连他自己也搞不懂。"中世纪所有的虚构故事意义都很明显，其实他们只是把当时的心灵严肃认真、辛辛苦苦去追求的东西用一种隐含、嬉戏的方式来表现出来。魔法以及人们认为它所具有的一切神奇能力实际是对科学力量的一种深刻的预感。飞鞋，神剑，与天地斗争，能利用矿物的秘密功效，能通晓鸟语，诸如此类，都是心灵朝正确方向做出的模糊的努力。英雄的神威勇猛，永葆青春的神力，这些事都是人的精神企图"是事物的外观符合心灵的愿望"的努力。

在《穿林》和《高卢的阿马狄斯》中，花环和玫瑰会在忠实的女人头上绽放，在背信弃义者的额上则会凋谢。在《男孩和披风》这个故事里，即使一个老练的读者对温柔的维内拉斯的胜利也会感到惊讶，并表现出真诚的快乐；实际上，一切关于小精灵们的假设——她们都不喜欢别人叫她们的名字，她们超凡的能力都是变幻无常的，寻找宝藏的人一定不能讲话，诸如此类，都是不值得信任的，我发现在康克德身上如此，康沃尔或布列塔尼的情况同样如此。

最新的传奇是不是情况有变呢? 我读过《拉马摩尔的新娘》。威廉·阿什顿爵士就是代表一张粗鄙诱惑的面具，雷文斯伍德·卡斯尔则代表骄傲的贫穷，国家的对外使命只是一个班扬式的伪装的诚实企业。或许我们大家都会射杀会毁灭善与美的野牛，办法是克服那些不义和淫荡的东西。路西·阿什顿是忠诚的别名，她的美丽是永恒的，哪里出现灾难，她就出现在哪里。

但是人类的人文史与哲学史一样，还有一种历史也在前进——外界的历史——而人类也同样牵扯在内。人是时间的纲领，也是人自然的相关物，他的力量存在于广泛密切的关系里，因为实际上他的生命是与有机物与无机物的整个生物链紧紧纠结。在古罗马，修筑的官道四通八达，通到帝国的每一个省的中心，使首都的军队可以通行到波斯、西班牙和不列颠的每一个市镇，与此相同，从人的内心似乎也发端延伸出许多宽敞大道，通向自然界每一个物休的心里，迫使它向人的统治屈服。一个人就是一堆关系，一团相连的根须，从这儿开出的花，结出的果，就是世界。他的天赋与他身处的大自然有关，并能预知他将要居住的世界，正如鱼的鳍能感知水一样，蛋壳里的小鹰的翅膀能预感到天空一样。如果没有世界，人就没法生存。把拿破仑关进一座孤岛的监狱里，使他的本领得不到发挥，找不到阿尔卑斯山去爬，找不到赌注去下，他就只好去捕风捉影，也就会显得愚不可及。如果把他迁到广大的国土中，让他生活在人口稠密的地方，让他处于复杂的利害关系和敌对关系的环境中，这时你就会发现：拿破仑这人，也就是说，你看到了那个具有拿破仑的身影和轮廓的拿破仑——并不是真正的拿破仑。
这只是塔尔博的影子。

> 他的本质不在此地，
>
> 你所见的仅是
>
> 人性中最小的痕迹。
>
> 如果整个身躯都在这里，
>
> 那就未免高大无比，
>
> 只怕贵府容之无力。
>
> ——《亨利六世》

哥伦布需要一个地球，才能决定他的航线。牛顿和拉普拉斯需要无数年代和星球密布的天空，你可以说牛顿心灵的性质里已经预见到了一个有引力作用的太阳系，戴维或是盖·吕萨克的大脑自幼就开始研究微粒的相互吸引与排斥，也预示了组织的定律，胎儿的眼睛难道不能预见光明？汉德尔的耳朵难道预告不了和声的魅力？瓦特、富尔顿、惠特摩尔、阿克莱的建设性的手指难道不能预告金属可熔、坚硬、可锻造的本质，不能预告岩石、水、木头的性质？小女孩可爱的特性难道就预告不了文明社会的优雅与装饰？这里也使我想到人对人的行为。人的一颗心灵可能数年间一直在沉思着自己的思想，但他从中所得到的自我认识，也许还没有爱的激情一天教给他的多，一个人如果没有对暴行感到过愤怒，没有听到过雄辩的发言，没有参加过举国欢庆或人心惶惶的震荡，那他怎么了解自己？没有一个人能够事先预料他的经历，猜测一种新的事物会揭示什么样的能力和感情，就像他今天画不出明天才要初次见面的一个人的面容一样。

我现在不愿进一步研究这笼统的陈述以探讨这种一致的理由。总之，历史的读法与做法，都需要参照这两件事实，也就是说，心灵是一个整体，自然只是他的伴随。知道这一点就足够了。

所以，灵魂采取一切方式为每一个学生收集、再现它的宝藏。学生也应当体验这个经历的整个过程。他要将大自然的光线汇聚到一个焦点。历史不再是一本无聊乏味的书。它将体现在正义和明哲之士身上，你不用一一告诉我你读过什么书，用什么语言写的，书名是什么。你应该让我感觉到你经历了哪些历史时期。一个人应当是名人殿。他应当像诗人们所描写的那个女神一样，穿着一件绘满奇妙事件与经历的长袍行走着——他自己的体态与容貌因其高贵的智力，将成为那件色彩斑斓的祭袍。我将在他身上发现洪荒世界，在他的童年看到"黄金时代"、"知识的苹果"、"阿尔戈英雄的远征"、"亚伯拉罕的天命"、"圣殿的修建"、"耶稣的降临"、"黑暗时代"、

"文艺复兴"、"宗教改革"、新大陆的发现，新科学的发现和人身上的新领域的开发。人将成为潘神的祭司，将晨星的祝福和天上人间一切有记载的福利带进陋室。

这种要求是不是有点过于自负？那么就把我写的全盘否定算了，因为假装我们不知道的事有什么用呢？我们着重一个事实就好像非得使人误解另外一个事实。我们把自己的实际知识看得一文不值。你听听墙里的老鼠，看看篱笆上的蜥蜴，脚下踏着的真菌，木头上生的苔藓。对于生物界任何一种生物，不管从感情上讲，还是从道德上讲，我对它们生活的世界知道些什么呢？这些生物与高加索人种一样古老——或许更加古老一些；它们在人类身边默默地不发表意见，从来没有任何记载说到它们彼此间传递过什么语言，有过什么暗示。书上有没有指出过五六十种化学元素和各个历史时代有什么关系呢？不仅如此，历史对人类的哲学史做了什么记载呢？是否解释过我们隐藏在"生"与"死"两个名词下的种种神秘呢？然而每一个书写历史的人有一种智慧，能推测到我们姻亲关系的范围，曾经把事实看成象征。我们的所谓的"历史"只不过是一种肤浅的乡村故事，我看到它感觉到很惭愧。为什么我们一定要把罗马、巴黎和伊斯坦布尔挂在嘴上呢？罗马知道老鼠和蜥蜴都是些什么？对于邻近我们的这些生物体系来说，奥林匹克运动会和法国督政府与它们又有什么意义呢？不仅如此，它们有什么食物、经验，援助好提供给猎海豹的因纽特人、乘独木舟的卡纳卡人、渔民、码头的装卸工以及脚夫？

我们天性的位置在中央，关系极为广泛。要真正表现我们的天性，而不是只要古老的，记载的全是我们阅读已久的自私与骄傲的历史的话，我们必须将之写得更加博大精深——经过伦理改革，那将永恒地新鲜下去。对我们来说，那一天已经来到；就在我们不知不觉间，它的光辉已经照在我们身上了，但科学与文学之路并不是通向人自然的道路。愚人、印第安人、小孩、未受过教育的农家子弟倒是比那些解剖学家或文物工作者离阅读自然的光照更近一点。

爱

　　灵魂的每一个诺言，都有着无数种的实现方式；它的每一种欢乐都酝酿着一种新的渴望。人的天性无法遏制，肆意流动，永远向前。在最初的善意中早已表现出一种惠及人类，恩泽众生的仁慈。幸福体验表明，人与人之间有着一种非常隐秘而温柔的关系，而这种关系又恰恰是人生最让人着迷的地方，它有着宗教狂热的力量，可以在一定时期内控制一个人，使他的身心产生巨大的变革；可以把他和整个人类联系在一起，使他维护家庭和社会关系，怀着新的同情心带他回归大自然，健全他的心智，开发他的想象力，在他的性格里注入英勇、神圣的品质，缔结婚姻，从而使人类得以繁衍生息，永世长存。

　　爱的柔情蜜意和旺盛的欲火的自然结合提出了这样的要求：若要把这一自然结合涂抹得绚丽多彩，它的行为人必须是年轻人，而每个少男少女都要坦诚面对自己的每一次心灵的悸动。青春的美妙遐想容不下一星半点的冷静思考，成熟的年龄和迂腐的学识会使人类的青春之

162

花逐渐凋零。所以，我知道我会招人非议，组成"爱的法庭和议会"的人们会责难我过于冷酷、淡泊，但是面对他们的最高法官，我要为自己的"非议"辩白。我们应当这样认为，我们通常所说的激情，尽管是从少年时开始，但是并不会舍弃老年人，或者说它不会让满怀激情的诚心的人心态变老，而且让老年人也来分享这种激情，使他们不亚于妙龄少女，只不过是方式不同，境界更加高超而已。爱情是一把火，刚把心灵深处的余烬点燃，又被另一颗心灵迸发出的游离的火花烧着，于是，星火燎原，愈烧愈旺，最后它用自己的温暖和光芒照亮了世间千万男女以及全人类共同的心，同时照亮了世间万物。所以我们无法去描述二十或三十岁的激情或是八十岁的激情。这些都显得无关紧要了。注重描绘它的初期，就会忽视它的后期，而偏重末期又会丧失早期的特色。因此唯一的希望就是，依靠耐心和缪斯女神的帮助，我们可以寻找到潜在的规律，它肯定会把一种青春永驻的真理描绘得如此集中，如此醒目，不论从哪个角度看，都能看得清清楚楚。

而首要的条件就是：我们不能过分遵照事实，我们要学会思考出现在希望中的感情，而不是历史中的感情。因为每个人在审视自己的生活时觉得面目全非，非常残破，这种生活并不是他们想要的生活。我们每个人在回视自己的经历时，都会发现某种瑕疵，而认为别人的生活完美无瑕。一些融洽的关系使得人生变得更加美好，给人最诚挚的教诲与滋养，可如果让他一个人去重温那些关系，他将会失去勇气，悲叹人生。唉！我也不知道是什么原因，使人在步入成年之后的无尽悔恨，加重了他们回忆青春快乐时候的痛苦，会湮没每一个挚爱的人的名字。每一种事物从理智方面看，如果视其为真理，都是非常美好的。可是如果被视为经历，则全是苦涩的。仔细地体味总是伤感万分，而热情的计划总是让人充满希望，感觉崇高。现实世界，交织在时间和空间的痛苦中，充满了忧郁、颓败和恐惧。对于思维和理想则有永恒的狂欢和如花般的快乐。缪斯在周围欢畅，可是悲伤总是伴随着一个个名字，一个个人，以及今天与昨天的局部利益。

　　私人关系这一话题在社交谈话中占有相当大的比例，这显示出了人天性中的一种强烈爱好。关于一位知名人士，人们最想了解的是什么呢？无非是他罗曼蒂克的情史。巡回的图书馆里，都是什么书在传播呢？我们读爱情小说，沉浸在它的浪漫的故事中，陶醉在它迸发出的真情与天性中。而在现实生活中，人与人的交往，又怎么能像小说中两情相悦的故事那样引人入胜呢？我们和他们素昧平生，今后也无缘相逢，但是我们看见他们牵手对视或者流露出一往情深时，我们彼此间便不再陌生，我们理解他们，对这段爱情的发展异常关注，每个人都期望有情人终成眷属。真挚情感和仁爱的最初显现是天性的最迷人的画面。即便是在粗莽的人身上也得以显出绅士般优雅的曙光。村里的野孩子，经常在学校附近捉弄女孩子，而今天他跑进学校，遇到一个在整理书包的可爱女孩，他过去帮她收拾，捧起她的书，于是顿觉他跟她有咫尺天涯之感，仿佛她就是一块圣地。他依然可以在女孩子们中间乱窜，只对一个敬而远之。这两个小邻居，刚才还两小无猜，此刻却已经懂得了尊重彼此。学校的女孩子们去乡村商店要丝线或纸张，跟一个圆脸、老实敦厚的售货员聊起天来，一聊就是半个小时，她们那种半狡黠、半稚嫩的迷人模样，谁不想回头多看她们两眼？在村子里，他们彼此平等，而这正好滋养了爱情，不用搔首弄姿，在这种有趣的闲谈中，女孩子们快乐、天真的天性自然而然地流露了出来。这些女孩子也许并不漂亮，显而易见的是，她们和那个不错的小伙子建立了非常友好、推心置腹的亲密关系，他们一会儿开玩笑，一会儿又认真地谈到埃德加、乔纳斯、阿尔迈拉，谁谁被邀请参加舞会了，谁谁又在舞蹈学院学跳舞了，什么时候音乐学校要开学了，还有别的方面交头接耳谈论的一些小事。光阴如箭，那个小伙子到了娶妻生子的年龄，他一定知道在哪里找一个真诚而又可爱的伴侣，而不用冒着任何弥尔顿所哀叹的学者和伟人们容易遇到的那种风险。

关于我的一些公开演讲，有人认为我崇尚理智，所以对个人交往变得异常冷漠。然而现在我一回想起那种诋毁，还是忍不住有点退缩，爱的世界是由人创造的，年轻的灵魂在这里彷徨，后来又投入爱的怀抱，每当最理性而无情的哲学家们描述这种恩惠时，不得不收回一些诋毁社会本能的话，毕竟那是有悖天性的。因为，虽然那种从天而降的狂喜总是落到年轻人的身上，那不容置疑、无可比拟、使我们神魂颠倒的美貌在人过中年时难得一见。但是在记忆的长河里，唯有这种情景的回忆最为持久，它是戴在年老者头上的花环。然而奇怪的是，许多人回顾自己的经历时，发现在他们的生活篇章，好像没有比一段爱情的甜蜜的回忆更为美好的了。那时，爱情在一些偶然、琐碎的事件中所散发出来的魅力，竟然超过了爱情本身所具有的深沉的魅力。回首往事，他们将会发现，几件毫无魅力可言的琐事，对求索中的记忆来说，比把这几件事铭刻在心的魔力本身更加真切。然而，无论个人有什么样的体验，谁都无法忘记那种力量对我们心灵的透视。这种力量使万象更新，这种力量是一个人身上音乐、诗歌与艺术的曙光；它使大自然生机盎然，让昼与夜充满魅力，那时候，一个声音的一点响动就使他心跳不已。与一个身影有关的最琐碎的小事也要紧紧包裹在记忆的琥珀里。那个人到来了，他屏息凝视，目不转睛，那个人离去了，他梦牵魂绕，思念不已。那一刻，少年守候在窗前，一只手套、一副面纱、一条丝带，或者一辆马车的轮子都能让他心驰神往。那一刻，他不会觉得任何一个地方过于偏远，没有一个人太沉默，因为他有了新的观念，有了更加丰富的交往，有了更加甜蜜的话语。那是任何老朋友都不能给予的，尽管他们都是最好、最纯洁、最真挚的人，因为这个钟情的爱人，他的外表、举止、言谈，都不会像其他的形象那样昙花一现，而是像普鲁塔克所说的那样，是"用火上了釉"的形象，在他梦中萦绕。

你虽已离去，但实未离去，

无论你身在何地，

你专注的双眸和你那颗多情的心，

却依然停留在他的身体。

在人生的中年和老年，那些幸福似乎还不够，还需用痛苦和恐惧来点缀，我们回忆起时还会情不自禁怦然心动。这样评说爱情的人可说是深有体会：其他的一切快乐都比不上它的痛苦。

那些日子，白昼总太短，黑夜也必须靠痛苦的回忆来消磨。那些日子，整夜辗转难眠，反复思考言谈举止；那些日子，月光也是一种令人愉快的冲动，星星是文字，繁花是暗号，微风奏出了美妙的歌曲，那些日子，所有的事情仿佛都是一种唐突，街道上来回奔忙的男男女女仿佛也成了图画。

激情为年轻人重新构造了这个世界，它使万物充满生机，意味隽永，大自然也显得有了意识。现在，鸟儿在枝头为他的心和灵魂歌唱，音符如话样清晰，他仰望天空，天空的云彩也生出了一副副面孔，林中的树木，摇曳的野草娇羞的花儿，仿佛都有了灵性；仿佛诱惑他说出心底的秘密，可是他又心生怯意。然而，大自然总是善于抚慰人类，爱怜人类。在一片幽静的绿地，他找到了一处胜过与人相处的可爱家园。

冷清的源泉，无径的树林，

淡淡的激情钟爱的地方，

在月下漫步，所有的飞禽，

已平安归巢，只剩下蝙蝠和猫头鹰，

一声夜半的钟鸣。

片刻的呻吟，

——这些才是我们向往的声音。

看看林中那个优雅的狂人吧，他拥有一切甜美的声音和景象，他开始骄傲、自负，目中无人了，他双手叉腰、自言自语地走在路上，他和花草树木进行攀谈，他感觉自己的身体里流淌着紫罗兰、三叶草和百合花的血液，并且跨进溪流与之絮絮叨叨。

那使他感受到了自然美的热情促使他喜爱音乐和诗歌。人们在激情的驱使下写出了好诗，在别的情况下却不可能，这个事实已经见怪不怪了。

同样的力量促使这种激情改变了他的整个气质。它延伸了这种感情，让粗人变得文雅，让懦夫变得勇敢，只要它有了所爱的人的支持，它就向最可怜最卑微的人注入藐视世界的勇气。尽管它把他交付给了另外一个人，但更重要的是把他交给了自己。现在，他是一个全新的人，有着新的感受，新的更加急切的意向，而且性格和目的也有一种宗教的虔诚和庄严。他不再属于他的家庭和社会，他有了一定的分量；他成了一个人，成了一个灵魂。

由此可见这种影响对那个青年非常巨大，在这里，让我更进一步地探讨影响的性质。我们正在赞颂美对人的启示，太阳在它愿意照耀的地方都受人欢迎，美就像太阳，它让每个人对它满意，也使每个人对自己满意，所以美似乎也感到满足。在一位恋人的想象中，他决不会随意地把自己心爱的姑娘描绘得可怜孤苦。正如一棵开花的树，社会给自身也提供了那么多含苞未放，充满气息的温柔可爱之处，而姑娘引导着小伙子，并步前行，让他知道美总是与爱情和风度一起前行。世界因为她的存在而丰富多彩。她将自己认为粗俗、鄙陋之人统统驱逐出她的视线之外，然而，她却将自己化身为某种非个人的、巨大的、世俗的东西作为对他的补偿。如此一来，这位姑娘在他的眼里就成了世间一切美好事物和美德的化身。因此，这位情人便会觉得自己的恋人与身边或接触的人都不同，而他的朋友却能在她身上看到她的母亲，她的姐妹，或是与她相关的人的影子。而在情人眼中，看到她就像夏天的黄昏和圣洁的黎明，像彩虹和飞鸟的歌唱。

"蕙质兰心"是古代的美德标志。然而对于一个人从外表散发出的不可名状的魅力，人们又将如何去论断呢？我们觉得柔情似水，豪情万丈，可是我们却不知道这种妙不可言的感情和难以捕捉的灵光为何而发。倘若把它归结为有机体，对于想象而言，我们等于在摧毁它。它也不是社会上熟知、描述的任何友谊或者爱情关系，在我看来，指的却是另外某个不可企及的境界，是一种无法比拟的微妙而甜美的关系。是玫瑰和紫罗兰所暗示和预示的东西。是一种我们无法接近的美。它的美就像白鸽脖子上的那道光泽，闪闪烁烁，一晃而过。这和最出色的事物相似，都具有彩虹般的特点。谁也不能把它据为己有和利用。让·保罗里希特尔对音乐说："走开！走开！你对我说了些我一生一世还没有找到而且将来永远也找不到的东西。"他的意思不是再明白不过了吗？同样的事实在每一件艺术作品中都可以发现，一座雕像开始让人不可理解，渐渐地无人批评，不再受到规矩的限制，只要求能与恣意奔腾的想象齐头并进，并在这种行为中标明它是什么，只有这时，这座雕像才是最完美的。雕刻家的神灵或英雄，总是表现在一种感觉可以描述感觉不能描述的过渡中，只有到那时，那雕像才不是一块石头。同样，这种说法也适应于绘画，而诗歌，它的伟大在于使我们惊愕并激励我们去追求那难以企及的最终目标，而不在于它能使人平静和满足。关于这一点，兰多说："它是否涉及更完美的感觉和存在的状态呢？"

　　同样，人体的美，只有在它使我们对所有目标都感到不满的时候，在它变成了一个没有结尾的故事的时候，在它暗示出光辉和幻想，而不是俗世的满足的时候，在它使观望者感到自己渺小的时候，在观望者感觉自己，哪怕是恺撒也罢，也无权占有它的时候，就像他觉得无权占有天空和落日的光辉一样。只有在这时候，这种美才会散发出无穷的魅力，才会成为真正的美。

因此，就有了这样的说法："如果我爱你，那对你来说是什么？"之所以这么说，是因为我们所爱的东西在你的意志之上，而不是你的意志之中，它是你的光辉，而不是你。它在你的身上，可你却感觉不到，而且永远感觉不到。

这种关于美的思想，就和古代作家们所推崇的不谋而合，因为他们说：人的灵魂，尽管只能体现在人间，但是却在不停地上下求索着自己的来世，因为它是从那里来到这个世界的，然而不久就在阳光的照射下变得懵懵懂懂，除了今生的事物，其他什么也看不到。而这些是物质是原物的影子而已。于是，神把青春的光辉送到灵魂前，让它在美丽的躯体的协助下，去回忆追索天堂中的真美。所以，当一个男人在女人身上看到这样一种光辉笼罩下的躯体的时候，就向她跑来，他在注视着她的形体、举止和智慧时发现了最大的快乐。因为它给他暗示了真正的包含美的事物的存在和美的起因。

如果灵魂与物质有了过多的交流，那么就会变得粗鄙、庸俗了。将自身的满足错误地寄托在肉体上，而肉体履行不了美做出的许诺，因此，它只能获得悲哀了。但是，

灵魂如果接受了这些幻象的暗示，接受美对灵魂提出的
要求，它便会通过身体，开始欣赏性格的一举一动。而
恋人们就会在言谈举止中，一步步迈向真正的美的殿堂。
对美的炽爱如火焰般越燃越旺，在爱的烈焰中卑劣的感
情化为灰烬，就如太阳炽热的光芒熄灭了火炉中的火苗一
样。于是，他们变得圣洁了。情人们通过跟那种真正优越
的、高尚的、谦逊的、正义的事物的交流后，就会更加
热爱这些高贵的品质，更加容易理解它们。于是他由一及
众，从爱一个人身上的这类事物推广到爱一切人身上的
这类事物，所以，美丽的灵魂就像是一扇门，通过这扇
门，就能进入那所有的纯真灵魂们构成的社会。在他的
伴侣所在的那个社会里，他更加真切地看清所有的斑点
和瑕疵。而这都是拜她的美所赐。他将这些缺点一一指
出，而且这些灵魂能在相互真诚的原则下指出彼此的缺
点，并且能够在克服同一种缺点时互相帮助、互相安慰。
许多灵魂中都存在着这种神圣之美的特性，并且能将神
圣的东西与从那个世界中沾染来的虚名区别开来，那么
他便能攀上至高无上的灵魂，达到美的极致，攀登上对
神性的爱与知。

　　每一个时代真正的智者给我们讲的爱都与此相似。
这种理论既不会过时，也不会流行。如果柏拉图、普鲁

塔克、阿普列乌斯讲过，那皮特拉克、米开朗琪罗和弥尔顿也讲过。一种隐匿地下的谨慎用控制地上世界的语言主持婚礼，而一只眼睛却在地窖里搜寻，以至最严肃的话语也带上了一种火腿和碾槽的气味，在反对与谴责这种地下谨慎的行动中，那种关于爱的理论期待出现一种更真实的表露。如果年轻的妇女在接受教育的过程中受到这种享乐主义的浸染，那么人性的希望和感情就会枯萎。如果宣扬婚姻的意义只是家庭主妇的节俭，妇女们的生活除此之外没有别的什么目标，到了这种时候，情况可能会更糟糕了。

然而，关于爱的梦想，虽然很美丽，但也只不过是我们人生戏剧中的一幕而已。灵魂从内至外，不断扩大自己的圈子，正如把石块扔进池塘、从天体上发出光芒一样。灵魂的光辉首先会照亮自己身边的事物，照亮每一个用具和玩具，照亮保姆和用人，照亮房屋、院落和行人，照亮家庭的交际圈，照亮政治、地理、历史。然而事物在更高级、更内在的规律的支配下，不断进行自我整合。我们不再受邻居、大小、数量、习惯和人的左右。因果关系，真正的类似，对灵魂和环境之间的和谐和渴望，进步的、理想化的本能，而后则占据了上风，不可能从高级关系倒退到低层关系。这样一来，即使爱，尽管被人奉若神明，也必须一天天变得非人格化。对于这一点，起初没有任何痕迹显露出来。一对年轻的男女通过相邻的房间暗送秋波，眼里充满期待，充满了从今往后要从这种新的、十分外在的刺激中产生的宝贵成果，但是他们想的很少。植物的生长都是从茎皮和叶芽开始的。那一对青年男女从暗送秋波开始，接着就互献殷勤，然后便热情如火，海誓山盟，最后结为夫妻。激情使得情人眼中的彼此成为一个完美的个体。灵魂尽显在肉体，肉体完全被赋予了灵魂。

她的纯洁与善变，

在她的颊展现，

十分精美的装点，人们几乎要说

她的身体也有思维的一面。

如果罗密欧死了，就该把他切成一颗一颗的小星星去美化天空。人生有了这样一对典范，除了追求朱丽叶与罗密欧一样的爱情，没有别的目标。黑夜、白昼、学识、才华、王国、宗教，都容纳在这个充满了灵魂的形体里，包含在形式多样的灵魂里。恋人们喜欢相亲相爱，喜欢信誓旦旦，喜欢甜言蜜语。但他们独自一个人的时候，他们就开始回忆对方的影子，安慰自己孤独的心灵，此刻对方是不是看着现在正让我陶醉的同一颗星、同一朵浮云，阅读同一本喜爱的书籍，拥有同一种感情？他们反复衡量他们的爱情，对各种利益、好友、良机、财产进行估计，才欣然发现他们乐意交出一切去赎回那种美，那可爱的头脑，只要它毫发无损。可是，这些孩子们身上却背负了人类的命运。危险、悲伤、痛苦一波接一波地向他们袭来，就像向大家袭来一样。爱在祈祷，为了这个亲密的伴侣它与"永恒的力量"订立盟约。这一姻缘的缔结，给自然界的点点滴滴，都注入了一种新的价值，因为它给关系网中的每一条线都镀上了一缕金色，使得灵魂沉浸在一个全新的、更甜美的环境里，但是这种结合只是一种暂时状态。那居于肉体里的令人敬畏的灵魂，并不满足于鲜花、珍珠、诗歌、争议，甚至另一颗心里的家园。它最终唤醒自己。抛弃那些亲密的做法，就像抛弃玩具一样，然后穿上铠甲，去追求一些远大而普遍的目标。寄于个人体内的灵魂，由于渴望一种幸福，便在别人的行为中发现了倾轧、残缺和失调。于是诧异、抗争和痛苦也就应运而生了。美好的征兆和德行的征兆把他们吸引到了一起，而这些德行就在那儿，不管它们多么暗淡无光，它们确实存在；它们此起彼伏，不断召唤；然而体贴改变了，离开了征兆，依附于实体。这样，被伤害的感情就得以弥补。与此同时，生命在慢慢延续，事实证明它只是一场游戏，把各个方面所有可能的地位进行变换组合，利用了每一方的所有智慧谋略，使每一方了解到别人的优劣。由于他们在彼此的心目中应当代表人类，这正是这种关系的性质和目的。世界上的一切，无论已知的或是应当知道却还未知的一切，都被巧妙地编织到男人和女人的机体里。

爱赐福于人身，

滋味无尽。

世界在不停地运转，情况一直在变化。透过心灵之窗，我们发现了藏在身体里的天使，还有妖魔和邪恶。所有的美德将它们合为一体。如果有了美德的存在，所有邪恶本身也就为人所知，他们坦白后，仓皇而逃。恋人们曾经如火如荼的相爱被时间冷却在各自的心胸中，激情减少，但是范围增加，因此，它就变成了一种彻底真诚的理解。他们彼此心甘情愿地去担任男人和女人最终单独被指派去执行的有益职务而没有一点怨言，并且用曾经不能忘怀其对象的那种激情交换一种彼此的计划所做的快乐而自由的推动，不管它是否真的存在。最终，他们发现，尽管最初吸引他们彼此走到一起的一切——那些曾经还是神圣的形貌，那种充满魅力的神奇表演——都是暂时的，可是都具有一种预期的目标，就如建房用的脚手架一样；而年复一年心灵与思想的净化却是真正的婚姻，这是从一开始就预料到并准备好的，但却是他们绝提不到的。一男一女两个人，禀赋相异而又相关，就用这些目标关在一个房子里，在婚姻交往中度过了四五十个春秋，对于这些目标，我并不奇怪心从幼年就预言这一决定时刻为何如此强调，我也毫不奇怪本能用来装饰洞房的美为什么那么丰富，原来天性、智力和艺术在礼物和它们配给新婚贺词的乐曲方面在相互竞争。

　　我们就是这样来接受爱的培训，它不分性别，不论人格，不偏袒，而是到处寻求美德和智慧，以达到提高美德和智慧的目的。我们是天生的观察者，所以也是学习者。这就是我们永恒的状态。可是我们却身不由己地感觉到我们的爱情只不过是一个用来过夜的帐篷。尽管缓慢而痛苦，爱情的对象还是会发生变化，就如思想的对象在变化一样。有些时候爱情驾驭、吸引着人，并使他的幸福依赖于某个人或某些人。然而很快人们又发现心灵生机盎然——它的圆拱形的顶盖，在万盏明灯的照耀下光辉闪亮，而像乌云一样掠过我们心头的热烈的爱情和恐惧一定失去它的明确性，与上帝融为一体，最终达到自我的完美。我们不必担心由于灵魂的进步会让我们失去什么。灵魂永远值得信赖。像这些关系那样的美丽、诱人的东西只有被更加美丽的东西所接受、取代，周而复始，以至永远。

友 谊

　　我们的善良要远远超过人们平时说到的程度。尽管自私像骤然降温的寒风一样吹遍世界，然而人类大家庭还是沐浴在一种爱的元素里，就如同在一团纯净的以太（西方人当时认为宇宙中充斥的基本元素）里。在同一屋檐下，我们跟多少人邂逅，虽然我们很少跟他们在言语上有所交流，但我们尊敬他们，他们也尊敬我们! 我们与多少人在大街上擦肩而过，与多少人在教堂里一起祈祷，虽然我们默默无言，却因能跟他们相处而感到高兴! 读读那些游移的眼神中的话吧。心里彼此都是明白的。

　　对这种人类之爱的痴迷，最后造就了一种由衷的欢乐。在诗歌中，在普通的话语中，我们对别人所感到的仁慈和满足的感情堪与火的实际效果相比；这些微妙的内心的光芒就是那么迅猛或者还要更迅猛、更活跃、更舒畅。从至高的火热的爱情，到最低的善意，正是这些情感造就了生活的美满和甜蜜。

　　我们的智力跟活力随着我们感情的丰富而增长。学者坐下来写作，多年的冥思苦想没有给他提供一点独特的见解或是一种满意的表达方法；这时候给朋友写封信就显得很有必要了——顷刻间文思潮涌，妙句迭出。试想，在每一个讲究品德和自尊的家庭里，一位陌生人的到来引起了一阵不安。等待和接待一位受人引荐的陌生客人，每一位家庭成员的心里都会产生一种介于欢乐和痛苦的不安。他的到来几乎要给欢迎他的每一颗心带来忧虑。房子打扫了，归置好物品，换上新装，有可能的话还必须接风洗尘。对一个受推荐的陌生客人，只有别人对我们讲的好话，只有我们听到的好的、新的消息。对我们来说，他是人性的代表。他就是我们一心向往的那种东西。经过对他的想象后，我们便问自己在谈话和行动上应当怎样投人所好并且为此而感到忧虑，坐卧不安。同一种考虑提升了我们与他的谈话水平。我们的谈吐比平时要高雅、出色。我们的思路更加巧妙，记忆更加丰富，象征我们的少言寡语的精灵悄然离去。我们能把一系列真诚、高雅、丰富的交流延续很长时间，这些都是来自最早、最秘密的经验，所以我们的家人和相识的人坐在一旁，肯定吃惊我们有如此非凡的能力。一旦这位生客在谈话中露出他的偏好、他的界说、他的缺点，一切就都算过去了。他已经把他将要从我们这儿听到的最初的、最后的、最好听的话都听到了。这个时候，他已经不再是个陌生人了。粗俗、愚昧、误解都成老相识了。这样，当他到来时，他仍然会得到地位、服装和美食——然而，却不会再有怦然心动和心灵交流。

这些感情的奔放又给我创造了一个年轻的世界，有什么能比这样更使我愉悦呢? 有什么能像两个人用同一种思想和感情上的公正而坚定的相遇更美妙呢? 才华非凡，心怀赤诚的人的脚步和身影走近了这颗狂跳的心，那是多么美妙的事情啊! 每当我们放纵自己的感情时，大地也为之变色，不再有寒冬与黑夜; 所有的悲伤所有的疲惫，甚至义务都荡然无存; 除了所爱的人快乐的身影，什么也填补不了这不断进展的永恒。让灵魂确信在宇宙中的某个地方，它再次与它的朋友融为一体，它会满足并欢呼，千年不变。

今天早上，我一觉醒来，心里充满了对我的新老朋友真诚、由衷的感谢。难道我不应该把上帝称作至美吗? 因为每天他用赠品向我显示了他的美。我责备交际，我拥抱孤独，但我还不至于愚笨得对那些时时从我门口经过的聪明的人、可爱的人和高尚的人视若无睹。听我话的，理解我的，就变成我的人——一笔永恒的财富。大自然还没吝啬到不给我几次这样的快乐。这样，我们在编织自己的社交线条，一个新的关系网。而且因为许多思想本身具有持续性，不久以后，我们将在一个由我们自己创造的世界里站稳脚跟，而不再是一个传统的星球上的陌生人和漂泊者。我的朋友不请自来，这是上帝对我的恩赐。依据最古老的权利，根据美德跟它的神圣的关系，我找到了他们，或者确切地说，不是我，而是我和他们身上的神嘲弄并拆除了那些围着个人性格、关系、年龄、性别、环境的厚墙。他通常默认这些，现在却把它们合而为一了。优秀的人们，我要大大地感谢你们，因为你们替我把这个世界引向新的深度，扩大了我所有思想的意义，这些人就是第一位诗人的新诗——从未停息的篇章——圣诗、颂诗、史诗，仍然流动的诗，阿波罗和缪斯们仍然吟唱的诗。这些人也会再次跟我分离，还是其中一些会跟我分离? 我不知道，不过我并不担心，因为我跟他们的关系是那么纯洁，所以我们是靠单纯的亲和力在一起的，我的生命的守护神是善于交际的，不论我在何处，这种亲和力都将会在任何跟这些男人和女人一样高贵的人身上产生力量。

在这一点上，我承认天性非常脆弱，对我来说，把感情中"误喝下的酒里的甜蜜的毒药挤出来"几乎是很危险的。对我来说，结识一个新人是一件大事，会让我失眠。我经常特别迷恋那些给了我美好的时光的人，然而这种欢乐当天就结束了，它毫无结果。没有激发出新的思想，也没有影响我的行动，我必须对朋友的成就感到骄傲，好像它们就是我的成就似的——而且好像他的美德中的一种特性似的。他受到赞扬时我的心里也感到同样的温暖，就像情人听见别人在赞美自己的未婚妻一样。我们把我们朋友的美德估价过高。他比我们更善良，天性比我们更温和，抵制诱惑的能力也比我们强。跟他有关的一切——他的名字、形体、穿戴、书籍和工具——幻想都美化了。我们自己的思想出自他的口就显得新鲜了，而且博大精深。

然而爱的潮起潮落恰似心脏的收缩和扩张。友谊就像灵魂的不朽，好得让人难以置信。情人看着他的意中人，明白她并非真的如自己崇拜的那样完美无缺；而在友谊的最美时刻，只要一丝的猜忌和些微的怀疑都使我们感到惊讶。我们怀疑我们加在英雄身上的那些闪光的美德，而后又去崇拜我们以为神灵赖以栖身的那个体形。严格地说，尊重它自己胜过它尊重人。从严格的科学意义上来讲，所有的人都处于同一种有着无尽未来的期待之下。难道我们怕寻找这座天国圣殿的形而上的基础会冷落自己的爱情？难道我将不会像我看到的食物那样真实？如果我真是这样，我就不害怕了解事物之外这样的原因。它们的本质之美丝毫不逊色于它们的表面，虽然要理解它还需要更加敏锐的器官。对科学来说，植物的根并不是不能剪裁，尽管为了做花冠和花球，我们把它的枝条剪断了。在这些令人愉快的遐想中，我必须冒着得罪人的风险指出一件赤裸裸的事实，虽然它可能是我们宴会上的一具古埃及骷髅。一个固执于自己思想的人就会自命不凡。他觉得不管他做什么，都会成功，这是他以失败换来的，任何优势、任何权利、任何金钱和势力都无法配得上他，我只好依赖自己的贫穷而不是你的财富。我无法使你的意识和我的意识一致。只有恒星能放出夺目的光芒，行星只有一种月亮似的微光。我听见你是怎样评价你所赞扬的那一方如何具有可敬的职责和久经考验的崇高精神，然而，我明白尽管他身披华丽的外衣，我仍然不会喜欢他，除非他最终变成一个像我这样的穷鬼。朋友啊，我无法否认"现象"的巨大阴影也把你囊括在它的色彩斑斓的无限大之中——你也是一样，与你相比，其他的一切都是影子。你不是存在，而是真理，正义也是。你不是我的灵魂，而是它的图画和肖像。你刚才来到我这儿，却已经拿起你的帽子和外衣准备离开。灵魂结交朋友就像树木长出树叶一样，新芽一旦长出就挤掉旧叶，难道不是这样吗? 自然的法则就是永恒的交替。每一种令人震撼的状态都会诱发与之相反的一面出现。灵魂处在朋友们的包围中，这样它就能进入一种更高的自我认识或者孤独境界；它单独活动一段时间，这样它能提升它的谈话和社交。这种方法随着我们个人交际的整个历史而显露出来。感情的本能复活了我们与伙伴交往的希望，重新恢复的孤立感又把我们从追求中召回。这样，每个人的一生都在寻求友谊中度过，如果他有记录下自己真情实意的能力，他就能对每一位他要钟爱的对象写下这样的一封信。

亲爱的朋友：

如果我相信你，相信你的能力。相信你我的情投意合，我就再也不会想到与你来往的那些有关的琐事了。我不是很聪明；我的性情很容易掌握，我敬仰你的才能，对我来说，你的才能至今还是高深莫测；然而我不敢妄加揣测你对我就完全了解，因此你对我只是一种美妙的苦恼。要不永远属于你，要不永远不属于你。

然而，这些不安的快乐和细微的痛苦都是为了好奇心而不是生活所准备的。不能让它们沉湎其中。这相当于蜘蛛结网，而不是织布。我们的友谊匆匆忙忙得出一些简短而贫瘠的结论，因为我们早已把它们变成一种酒和梦的组织，而非坚固结实的心灵的结构。友谊的法则是严厉和永恒的，是由自然和道德结成的一张网。然而我们瞄准的是短暂的蝇头小利，只想啜饮一口突然的甜蜜。我们采摘上帝的整个果园里最慢的果实，许多冬夏才能使它成熟。我们寻找的是平凡的朋友，但用的是一种掺假的激情，徒劳无益。我们用危险的对抗武装全身，一旦我们见面，它就开始发挥作用，把美好的诗篇变成陈词滥调。几乎所有的人都要屈尊和他人交往。所有的交往都必定是一种妥协，最糟糕的是，每种美好的自然物的精华与芬芳在彼此遭遇时便立即消失。现实的社交是一种多么永久的失望啊，即使德才兼备的人也在所难免。一旦会见被深谋远虑地安排妥当，肯定要遭受不断的折磨、突如其来的打击，不合时宜的冷漠，理性与疯癫的交错。我们的才能不能准确地判断我们，双方都由孤独来搭救。

我平等对待每一个关系。平等使我对我所有的朋友都一视同仁。我在和他们每一个交谈中都会得到满足，而没有一个与我不平等。如果我从一场不平等的对抗中退缩，那么从其余的对抗中获得的乐趣都会变得卑鄙懦弱。如果那时我把别的朋友都当成我的避难所的话，我应当恨我自己。

沙场勇士功劳高，

百战终究败难逃，

功劳簿上声名去，

一世战功俱徒劳。

这样，我们的毫无耐心便受到指责。羞怯和冷漠倒是一层坚硬的外壳，保护里面的组织，以免提前成熟。如果每个最优秀的灵魂在还未成熟到足以认识并拥有自己，便提前认识了自己，那就会丧失。尊重那naturlangsamkeit吧，它用了一百万年的时间把红宝石变硬，并持之以恒地起着作用，阿尔卑斯山和安第斯山在这种进程中出现又消失，消失了又出现，就像彩虹一样。我们生命的优秀精神没有和草率的价值相当的天堂。爱是上帝的本质，它代表人的整个价值，而不是代表轻浮。我们要的不是这种幼稚的奢华，而是最简朴的价值；让我们接近我们的朋友，大胆信任他的真诚，相信辽阔的友谊基础是不可能动摇的。

这个论题有着不可抗拒的吸引力，所以我暂时先丢开对次要的社交效益的所有论述，而来专门谈谈那种卓越而神圣的关系，因为它多少有点绝对，它甚至使得爱的语言都显得可疑和平庸，这种关系要纯洁得多，什么也没有这样神圣。

我不希望过于细心地对待友谊，只想大刀阔斧地对待它。如果是真诚的友谊，它就不是玻璃丝或窗户上的霜花，而是我们所知道的最坚固的东西。积累了多少年的经验，我们对自然界和自身都有些什么了解呢？人还没有跨出解决自己命运的那一步。全人类都在谴责愚昧。然而我从我的兄弟的灵魂的这种结合中汲取来的那种甜蜜、诚挚的欢乐与和平本身就是坚果，而所有的性格和思想都只是外壳。幸福感是朋友栖身的房子！它应该好好地建造，盖成宜人的凉亭或者拱门，好好款待他一天。如果他知道那种关系的庄严，并尊敬它的规律，那他会感到更加幸福！谁主动提出订立那种盟约，谁就像一名奥林匹斯神一样前来参加各种比赛。在这场比赛中，参赛者都是世界上最年长的人。"时间""匮乏""危险"都列在那里的名单上，只有性格里有足够的真，能保护他娇艳的美不受伤害的人才是胜利者。运气的天赋或有或无，然而那种比赛中的一切速度都取决于人内在的高尚和对琐事的不屑。友谊由两种元素组成，每一种元素都至高无上，让我难分高低，提名时也没有理由区分先后。一种就是"真"。朋友是一个我可以与之推心置腹的人。在他面前我可以畅所欲言。我终于有了一个如此真诚和平等相待的朋友。我尽可以扔掉掩饰、礼貌和瞻前顾后这些贴身内衣，那是人们从来不脱的东西。而且我可以跟他单纯和完整地打交道，就像两个原子相遇那样。诚挚就像王冠和权威，是最高阶层才获许享受的奢华，只有那种人才被允许说真话，因为在此之上再没有什么可追求和恪守的了。每个人独处的时候，都是真诚的。第二个人一旦加入，就开始有了虚伪。我们用问候、闲话、娱乐、逃避来回避、抵挡我们的同类的到来。我们千方百计地掩盖自己的思想，不让别人知道。我认识一个人，他出于某种宗教的狂热，扔掉了这层虚饰，省去了所有的恭维和俗套，对他遇见的每个人说真心话，而且说出带着洞察力和一针见血的话。开始时，他遭到拒绝，所有人都说他是疯子。可是他坚持不懈，因为他实在无法自已，时间久了，他尝到了甜头，他引导他认识的每一个人跟他建立了真诚的关系。没有人再有跟他说假话的想法了，也没有人再跟他说些不相干的事去敷衍他了。然而这么多的诚挚迫使每个人都有了跟他一样的坦白和直率的举动，什么是他对自然的爱，什么是他的诗情画意，什么是他的真理的象征，他自然要表现给每个人。然而社会叫人看的不是它的脸部和眼睛，而是它的侧面和背面。在一个虚情假意的时代里，一般跟人维持真诚的关系就相当于有精神病，难道不是吗？我们很难挺直腰板走路。我们遇见每一个人都需要以礼相待——需要迁就；他有某种名气，某种才气，脑子里有某种宗教或慈善的思想，这都是不容置疑的，而这恰好糟蹋了跟他的一切谈话。可是，朋友是一个头脑清醒的人，他利用我的本人，而不是机敏。我的朋友款待我，而不要求我允诺任何条件。所以，朋友是自然界的一种悖论。我单独存在着，我在自然界一无所见而我能用证明我的存在来证明看不见的东西是存在的，现在我看见了我的存在的相似物，无论高度、品种和奇特性都相似，只是用一种外来的形式再现出来。因此，一个朋友完全可以被视为大自然的杰作。

温柔是友谊的另外一个组成元素。我们被每一种纽带，被血统、自尊、恐惧、希望、钱财、情欲、仇恨、钦佩，被每一种环境、标志、琐事跟人们维系起来，但是我们几乎不相信他人身上有那么多吸引我们的爱的美好的品质。难道另外一个人能够这样神圣，我们能够这样单纯，以致就能给予柔情了？当我喜爱上一个人时，我就达到了幸运的目标。我发现在书本上很少能找到直接触及这一问题核心的篇章。然而我还是有 句不得不铭记在心的名言。一个我所喜爱的作家说："我把自己怯懦而又直率地奉献给那些我全然属于他们的人，这样我便成了他们，越是我喜爱的人，我给他的奉献就越少。"我希望友谊不只是应当有眼睛和口才，而且应当有脚，它首先必须脚踏实地，然后才能穿云登月。我希望它先能像一个凡人，然后再像一位天使。我们谴责那些凡人，他们把爱变成了一种商品。它是一种礼品的交换，一种有用的贷款的交换；它是好的邻居，它通宵达旦地守护病人，它可以在出殡时抬着灵柩，却对这种微妙和崇高的关系有所忽视。虽然我们不能在随军小贩中发现那伪装下的神灵，可是另一方面，如果诗人纺线过于精细，没能用公正、守时、忠诚、怜悯这样一些普通美德充实它的传奇，我们也不会原谅他。我憎恨滥用友谊之名来表示时髦与世俗的联合，我更喜欢农民、小贩的结交远胜于那种排场、体面、奢靡地去庆贺他们相逢的日子的那种甜腻的亲善。友谊的目的就是要建立一种最为严格、最为朴素的社交；比我们所经历的任何社交都要严格。它是通过所有的关系和生死变迁所追求的援助和安乐。它适于宁静的生活、优雅的才情和乡间的漫步，也适于坎坷的道路和粗糙的饮食、沉船、贫穷和迫害。它欣赏妙语连珠，也佩服宗教的痴迷。我们应当向彼此的日常需要和人生职责赋予尊严，用勇气、智慧与和谐为友谊增光添彩。它永远不应当落入俗套中，而应该保持机敏，富于创新，给单调乏味的东西带来韵律和理性。

可以说，友谊需要各种非常稀有、昂贵的天性，每一种都调和匀称，适应自如，而且彼此和谐（一位诗人说，即便是在那种特殊的情况下，爱也需要双方完全匹配），因此很难满足它的要求。一些深谙此道的心理学家说，在两个以上的人之间，它无法达到完美的境界。我对自己的定义并不十分严格，或许因为我从来没有像别人那样有过这样深厚的情谊。我宁愿让我想象满足于一种相互关系不同的、超凡的男女组成的圈子，他们之间存在着一种深度的理解。可是我发现这种一对一的法则对于会话是不可违背的，因为交谈是友谊的实践和收获。不要把事情搅混在一起。把最好的搅混在一起跟把好的坏的搅混在一起一样，都是非常糟糕的。如果你和两个人分别交谈，一定十分有益，非常愉快。可是如果让三个人凑在一块，你就听不到一句新鲜的肺腑之言。两个人可以说，一个人可以听，但三个人就无法推心置腹、尽兴而谈。在融洽的交往中如果没有第三者在场，决不会出现两个人隔着桌子谈话的情况。在融洽的交往中，每个人把他们的自负都融入一个跟在场的几种意识范围完全同等的交际灵魂里面。朋友之爱、兄弟姐妹之爱、夫妻之爱在这里统统失效。只有能在这伙人的共同思想上航行，而不是可怜地局限于自己的思想里的人，那时候才能讲话。现在良知所要求的这种集会破坏了高尚谈话的高度自由，因为这样的谈话要求两个灵魂绝对融为一体。

只有两个人单独相处时，才能达到一种更加单纯的关系。然而，决定哪两个人交谈的却是性格之中的共鸣。毫不相干的人是不会给彼此带来快乐的，他们也永远不会疑心每个人会有潜能，有时候，我们说到某个人善于交际，好像这是他本身的一笔永恒的财富。谈话只是一种暂时的关系，仅此而已。一个人被认为有思想，有口才；尽管如此，面对自己的表兄弟或叔伯的时候他却会无话可说。他们指责他的沉默就好像他们指责日晷处在阴影里一样没有意义。在阳光下，日晷能标明时间。同样的道理，在那些欣赏他的思想的人们中间，他又重新开口说话。

友谊需要一种介乎相似与不似之间的中庸之道，它用一方所表现出的能力和同意来激发另一方。让我独自一人走向世界的末日，而不要我的朋友有一句话或是一个眼神超越他们真实的同情和怜悯。对抗和顺从都对我造成障碍，让他每时每刻都保持自我，成为自己吧。他的就是我的，我从这当中获得的唯一快乐就是：不是我的反而就是我的。在我寻找一种果断的促进，或者至少是一种果断的对抗的地方，我讨厌他的妥协与退让。宁可做朋友中的荆棘，也不做他的回声。高尚的友谊所要求的条件之一就是自立能力。高级职务要求伟大而卓越的才能。必须先有真正的二，然后才会有真正的一，让它先成为两种相互敌视、彼此畏惧、大而可怕的天性的联合，然后它们才在联合它们的这些差异之下发现深刻的一致性。

只有心胸开阔的人，只有确信伟大、善良总是属于经济的人、只有不急于干涉他的命运的人才配拥有这种友谊。让他不要对此进行干涉，让钻石自己决定自己的生长期，也不要期望加速永恒的诞生。友谊需要一种虔诚的方式对待。我们常谈到选择朋友，但通常情况下，朋友都是自行选择的。尊敬就是其中的一大要素，对待你的朋友要像对待一处奇观。当然他的优点不属于你，你也无法尊重那些优点，如果你一定要把他搂进你的怀里的话，靠边站。给那些优点腾开地方，让它们升华、发展吧。你是你朋友的纽扣的朋友还是他思想的朋友？对于一颗高尚的心灵来说，在千百件具体事情上他仍然是个陌生人，这样他才可以在最神圣的土地上向你靠近。让孩子们把朋友当作自己的财产吧，让他们去吸取一种暂时的、颠覆一切的快乐，而不是去享受最高贵的利益。

计我们用长期的实践获得进入这一行会的资格吧。我们为什么要侵扰和亵渎这些高尚美丽的灵魂呢？为什么非要鲁莽行事，硬是要跟你的朋友建立种种轻率的个人关系呢？为什么要去他家里拜访，或者结识他的母亲、兄弟和姐妹呢？为什么要让他回访你家呢？对我们的盟约来说，这些东西都是实质性的吗？别搞这些无谓的举动。让他成为我心目中的一种精神、一种启示、一种思想、一种诚挚。他投递过来的一个眼神，我需要，但不需要新闻，更不需要肉汤。我能从低级的朋友们那儿得到政治、闲谈和邻居的帮助这样的满足。我和朋友的交往，对我来说难道不应该像大自然本身那样富有诗意、完美、普遍、伟大？我难道应当感到我们的联系与飘在天边的云相比，与有小溪流过的那片草坪相比，是不神圣的？我们不要贬低他，而是把他升到那个标准。他那藐视一切的眼睛，他那神态和动作的无与伦比的美，使你感到自豪的不是减少，而是增强。崇拜他的优越之处，希望他不会减少，而是把他们全部珍藏起来，并将他们告诉别人。把他当作你的对手，让他做你心目中最美好的敌人，桀骜不驯，令人肃然起敬，而不是一个无关紧要的便利措施，很快就失去作用，被扔到了一边。蛋白石的色彩，金刚石的光泽，如果你的眼睛离得太近，反而看不清楚。我给朋友写一封信，又接到他的一封信。这对你来说，是一件小事。但是它却满足了我的需要。那是一件值得他送、值得我收的精神礼物。它没有亵渎任何一方。心会相信这些热情的字句，因为它不愿意说出来，有一种存在，它比历史上一切英雄主义更为神圣，心将会倾诉出对它的预言。

因此尊重这种友情的神圣法则就不至于因你没有耐心而对花的完美抱有偏见，让它无法开放。我们首先必须是自己的朋友，然后才能成为他人的朋友。至少在犯罪中存在着这样的满足，正如一则拉丁文谚语所言——你可以以平等的地位跟你的同犯交谈。Crimen quos inquinat equat。对于我们仰慕和爱戴的那些人，刚开始我们无法做到这一点。然而在我看来自制的最微乎其微的瑕疵也能破坏整个关系。两个精神只有在它们的对话中，每一个都代表全世界，否则他们之间不会有深刻的和平和相互的尊重。

还有什么像友谊那样伟大？就让我们把它同我们所能获得的伟大精神一起占有吧。让我们安静下来——这样，或许我们就可以听见众神的低声细语。不要去打扰。谁让你去考虑对那些优秀的灵魂说些什么，或是如何去说？不管多么机灵，不管多么高雅和蔼。愚蠢和智慧分出很多层次，对你而言，无论说什么都是轻浮的。等待吧，你的心定会发话的。一直等到必要和永恒使你屈服，一直等到黑夜和白昼利用你的嘴巴。美德的唯一奖赏就是美德；交朋友的唯一方法就是做别人的朋友。走进一个人的家，并不等于接近了他本人，要是两个人没有共同的志趣，他的心顷刻间就离你而去，你也将永远看不见他真诚的一面。我们看见那些高贵的人离我们远远地站着，他们都在排斥我们；为什么我们还要闯进去？特别晚，特别晚以后，我们才看到种种社交安排，种种引荐，种种习惯和风俗，对我们跟他们建立那种我们所期望的关系毫无帮助——但是，只有我们身上和他们身上的天性上升到同一高度，我们才会像水遇到水那样；如果那时我们没有与他们相遇，我们就将不需要他们，因为我们已经变成他们了。一个人应得的别人的敬重在别人身上有所反映，说到底，爱就是这么一种反映而已。有时候朋友之间会互换姓名，好像他们要这么表示：在他们的朋友身上，人人都是在热爱他自己的灵魂。

我们越是对友谊要求得高，那理所当然地，跟有血肉的人建立友谊就越不容易。我们在世界上一个人孤零零地走路。我们所期望的那种朋友不过是幻想和童话。但是，忠诚的心永远受到崇高的希望的鼓舞，因此在其他地方，在普遍力量的另外一些领域，能和我们相互去爱的灵魂正在行动、正在承受、正在挑战。值得我们庆幸的是：青年的、愚蠢的、错误的、耻辱的各个时期已经在寂寞中过去了，当我们成为有能力、有作用的人时，我们将用我们的英雄之手与同样的英雄握手。不过对于你所看见的东西你要听从他的劝告，别让友谊的同盟被低级人物破坏了，因为友谊不会存在于那种人身上。我们被自己的浮躁出卖给轻率、愚蠢的团体，那是上帝所看不上的。坚持走你自己的路，你虽然会有点损失，但收获是更大的。你表明你的心迹，于是就可以把虚伪拒之门外，把世界上品德高尚的人吸引过来——这些稀有的漂泊者只有一两个同时在自然界游走，世界上的普通人在他们看来不过是游魂和阴影而已。

我们的联系害怕被弄得有很浓的精神气味，好像这样做了的话，我们就会失去真正的爱似的，真是没有比这更蠢的了。无论我们怎样去纠正我们从洞察中得出的流行观点，大自然都会证明我们这种行为是正确的，虽然说我们的一些快乐好像因为这种做法而被剥夺了，但大自然将会补偿我们更大的快乐。假如我们愿意的话，就让我们来感受一下人的绝对孤立吧。我们身上具有一切，我们坚信这一点。我们去欧洲，我们追随某些人，或者我们读书，因为我们本能地相信我们身上的一切会被这样的做法唤起，把我们揭示给自己。都是乞丐。那些人跟我们相同，那个欧洲不过是破旧、褪色的裹尸布罢了；那些书仅是他们的幽灵而已。让我们把这些偶像崇拜都扔了吧。让我们把这乞讨的生活也都抛弃吧。让我们对最亲爱的朋友说再见，并不屑一顾地对他们说："你算什么？放开我，我再不会去依赖别人。"啊！兄弟，你难道不知道我之所以跟你以这样的方式分别，就是为了在更高层次上的重逢，就是为了能够更多地属于对方，因为现在的我们更多地属于自己？一个朋友是双面的，他一面回顾过去一面展望未来。他是我所有昔日时光的产物，也是我所有未来时光的预知者，还是一位更加伟大的朋友的先行者。

所以我和我的朋友相处一如书籍。在哪儿发现他们我都去占有他们，但是却很少阅读他们。我们进行社交必须依照自己的主张，哪怕一点点的理由，就可以去接受或排斥某人。我们跟自己的朋友不能有太多交谈。如果他伟大，他就会使我也变伟大，所以我不能自贬身价地去和他交谈。在伟大的日子里，我们面前的天空中盘旋着各种各样的预感。我们应该向他们奉献自己。我走进去和走出来都是为了抓住他们。我只是怕他们会消失在天空里，现在他们在那里仅仅是一道更亮的光线罢了。再说了，虽然我对自己的朋友极为珍视，但却不能和他们交谈，对他们的想象进行研究，免得失去自己的所有。放弃这种崇高的探求，这种精神上的天文学，或者对星体的探索，去对你表示强烈的同情，真的会带给我一种天然的快乐；但是，到那个时候，我会因为我的众神的消失而永远悲伤下去。真的，随后的一周我的情绪会很低落，那个时候，我会把全部的心思放在无关的目标上；那个时候，我会后悔失去了你心灵文学的陪伴，并且希望你又在我身边待着。但是，如果你来了，也许你只会把新的想象注满我的心灵，而不是注入你自己，而是注入你的光芒，跟现在一样，我依然无法跟你交谈。这样的话，这种暂时的交际只能靠我的朋友们了。从他们那里我将要收到的是他们本身，而不是他们的财产。他们将要把他们所不能给的东西给我，那是他们身上散发出来的东西。可是，他们跟我保持的关系在微妙和纯洁方面也丝毫不差。我们重逢时好像素不相识，分别时好像从未分开。

这边崇高地坚持一种友谊，那边不必一定与之相配，最近看来这似乎可以做到，这是我先前不曾料到的。为什么我要在乎对方的冷淡，并因此拖累自己呢？太阳每天都用自己的一小部分光芒普照众生，而更多的光芒却照向了不知感恩的宽广的宇宙，但它从未对此懊恼。让你的伟大去教育你的粗鄙、冷漠的伙伴吧。如果他难以相处，很快他就会溜之大吉；但是你自己的光照却扩大了你自己，可以跟天国的众神一起飞翔、发光，而不必再与蛤蟆、虫子为伴了。爱得不到回报会被看作是一种耻辱。但是伟大的人将会看到真正的爱无法被报答。真正的爱把那不相称的对象超越了，它谈论的、思考的是永恒，然而那放置在那里的可怜的面具破碎之后，他一点也不伤心，而是感到这么多的泥土被扔掉之后，自己的独立更加可靠了。不过，这种事说出来总不免带着一点背叛关系的味道。完整才是友谊的本质，这是一种完全的慷慨和信任。他千万不要妄加揣测或者供养太少。他把自己的对象奉为神灵，如此一来，双方都更加完美了。

自 然

　　想要独处一隅，就得远离他的居室，就像远离社会那样。我在阅读和写作时，即使没有人跟我在一起，我也不孤独。但是，人若想体会孤独，那就让他看看满天的星星吧。沐浴在天国的星光下，他会感觉他与万物都隔绝了。人也许会想：空气会因为这种设计而透明起来，人也就能从天体上感觉到崇高而庄重的美了。站在城市的街道中间来看，一切是如此的非凡壮丽。如果这是千年一遇的，人们怎么会不敬慕与赞美，并且世世代代保存着上帝之城的永恒记忆呢！并且每个夜晚这些"美"的使者都会出来，用她们的微笑启示宇宙。

　　星星唤醒了人们的尊严，虽然它们可望而不可即；但是每当人们向大自然敞开心扉时，一切自然的物体都会显示它的亲切和关爱。自然永远不会显示出一副卑鄙的面目。即使最聪明的人也不能完全探究它的秘密，也不会因为发现它的一切完美就失去了所有的好奇心。大自然不会变成聪明人的玩具。鲜花、动物、山脉都反映出它成熟

201

时期的智慧，正像它们能给童年时代的孩子带去无限的快乐一样。

当我们这样谈论自然时，一种诗意在我们的心里就会油然而生。我们指的是不同种类的自然物体构成的完整印象，进一步让伐木工人的树枝和诗人的树枝区别开来。我今天早上看见的迷人风景无疑是二三十个农庄共同组成的。米勒的土地是这块，洛克的是那块，曼宁的就在树林那边。单独的谁都不能拥有那种完整的景色。地平线上具有一笔宝贵财富，但这笔财富只属于独具慧眼的诗人，因为只有他们能把各部分"融为一体"。这些是这些农庄中最好的部分，但是农场主却没有记载在地契上。

真正说来，懂得自然本质的成年人很少。人们大多不会欣赏太阳。即使看见，也只是一闪而过，但是太阳却能透过孩子的眼睛照进他们的心灵。真正爱自然的人，只能是内心和外在感觉协调一致的人；直到成年他们依旧保持着童真。他们的心灵时刻与天地成为一体。在自然面前，尽管他有种种忧愁，但还是情不自禁地感到无限的快乐。大自然说，他们是它的产物，尽管有些莫名的忧愁，但还是应该与它同乐。不仅晴天和夏天如此，每时每刻，每个季节都会给自己带来快乐的心情；因为从闷热的中午到冷酷的半夜，一切时间和变化都配合着人的心境，并认可这种心境。自然可以把喜剧的布景和悲剧的布景配置得同样恰当。身体健康的情况下，连空气里都弥漫着善意和美德。天没亮的时候，在乌云密布的天空下，走向融雪的荒原，心里没有任何好运降临的预兆；但我还是享受着完全的欢喜。即使身处恐惧的边缘，我也依然快乐。在树林里，他像蛇蜕皮一样地脱去了过去的岁月。无论任何时期他都像个孩子一样，树林里的生活让他永葆青春。在这片神的种植园里，存在着庄严和肃穆，永久的祝福正在盛大地举行，客人们即使在这里停留一千年，也没有厌倦的理由。在树林中，我们回归了理性和信仰。在那里，我感到生命中的一切丑恶都离开了——没有任何不能被自然修复的耻辱和灾难（留下我的眼睛）。站在空旷的土地上——我的脑袋在快乐的空气中沐浴，被提升到无限的空间——这意味着自我主义完全消失了。我变成了一个透明的眼球；我是虚无；我看到了所有；宇宙的本质流入我的身体；我成了神的一个部分或片段。连我最亲密的朋友的名字，在那时听来也是陌生而意外：做兄弟，做熟人，做主人或仆人都无关紧要了，都是一种干扰。我热爱博大的、永恒的美。在荒野之中，我发现某些东西往往比城市和村镇里的更加亲密、更加人性。在静谧的风景里，特别是遥远的地平线，人们看见了和他天性一样美好的东西。

田野和树林给予人的最大快乐，在于它预示着人们与植物之间的微妙关系。我们并不孤独，也并非没人关心。它们向我点头，我也向它们点头。树枝在风中摇曳，在我看来既新鲜又熟悉。它突然遇见了我，我们彼此却没有陌生感。这种效果就像我们踌躇满志快要自以为是的时候，某种高尚的思想和美好的感情就会征服我们。

显而易见，这种快乐的力量必定不在自然之中，而是源于人，或者是源于人和自然的和谐。享受这些愉悦必须要有所克制，因为大自然并不总是穿着节日的盛装。昨天花香怡人、流光溢彩的同一个场景，今天却变得满目苍凉。自然总是带着感情色彩，对于在灾难中劳作的人，它也会怒火中烧又满怀悲哀。所以，一个刚刚死去亲密朋友的人会蔑视风景。一旦天空笼罩到人类中的苦难者头上就不那么壮丽了。